本教材获深圳技术大学教材出版资助

# 锂电池
## 制造工艺及装备

Lithium Battery
Manufacturing Process
and Equipment

陈　华　阳如坤　主编
李小平　占旺龙　副主编

U0268309

化学工业出版社

·北　京·

## 内 容 简 介

本教材共分为7章，首先，以锂电池的发展背景、应用分类及发展趋势起头，紧接着介绍了锂电池的电化学基础，以及四大组成材料及主要辅助材料。在此基础上，详细介绍了锂电池的电极制造、电芯装配和激活检测三段主要的工艺流程及相应的制造和检测装备。部分装备配有视频，方便读者直观形象地了解设备的工作过程。最后介绍了与锂电池智能制造相关的标准及智能工厂建设集成。考虑到锂电池制造装备还在不断发展进步中，以及拓宽读者视野的需要，文中对部分工艺和装备技术进行了展望分析。除第1章外，其余各章都附有思考题，以便巩固学习效果。

本教材全面采用当前锂电池制造最主流的工艺路线及最新的制造装备，充实理论，加强应用，不仅可作为能源与动力工程、机械工程、材料工程、新能源科学与工程、储能科学与工程等专业的教材，还可以作为动力电池、新能源汽车等相关行业的工程技术人员、科研人员和管理人员的参考书。

**图书在版编目（CIP）数据**

锂电池制造工艺及装备/陈华，阳如坤主编；李小平，占旺龙副主编．

北京：化学工业出版社，2023.8（2025.2重印）

ISBN 978-7-122-43636-8

Ⅰ.①锂…　Ⅱ.①陈…②阳…③李…④占…　Ⅲ.①锂电池-教材　Ⅳ.①TM911

中国国家版本馆CIP数据核字（2023）第104750号

责任编辑：卢萌萌　　　　　　　　文字编辑：王云霞
责任校对：王鹏飞　　　　　　　　装帧设计：史利平

出版发行：化学工业出版社（北京市东城区青年湖南街13号　邮政编码100011）
印　　装：北京云浩印刷有限责任公司
787mm×1092mm　1/16　印张10½　字数231千字　2025年2月北京第1版第5次印刷

购书咨询：010-64518888　　　　售后服务：010-64518899
网　　址：http://www.cip.com.cn
凡购买本书，如有缺损质量问题，本社销售中心负责调换。

定　　价：58.00元

# 前　言

近些年，在努力实现碳达峰、碳中和目标的时代背景下，新能源行业在国内外均得到了迅猛发展。锂离子电池因其优异的电化学性能、较高的能量密度和较长的循环寿命，已成为消费电子、电动汽车和电化学储能领域应用最广泛的电池体系。锂电池的制造工艺及装备技术，综合了机械、材料、电子、控制等专业知识，有很强的学科交叉属性，是影响电池制造效率、质量和成本的关键环节之一。

相对于汽车等传统行业，锂电池的大规模生产应用时间较短，爆发强度更高，且刚好与工业4.0、中国智能制造2025等先进制造技术理念同步崛起。因此，锂电池的制造技术已逐步引领整个智能制造和智能工厂相关技术的发展方向。对其深入研究和归纳总结，不仅可为在校学生拓宽专业视野，亦可为高校的机械制造、新能源和新材料等学科建设打造专业特色。

2020年开始，深圳技术大学和深圳吉阳智能科技有限公司携手共建机械专业特色选修课——锂电池制造工艺及装备。教师们在备课中发现相关的行业用书和标准较少，教材更是缺乏。因此，课程中的大部分内容，均来自企业或行业的在制在研技术和产品。经过两轮课堂讲解，积累了大量的素材，本书就是在教学大纲的框架下，在课件素材的基础上，借鉴了部分行业参考资料整编而成。本书是校企共建课程的结晶。

全书共分为7章，由陈华和阳如坤共同策划和担任主编。其中，第1章、第4章由陈华编写，第2章由李小平编写，第3章由杨国凯编写，第5章由陈华和李寅编写，第6章由占旺龙编写，第7章由阳如坤编写。全书在简要介绍锂电池的电化学基础和主要组成材料的基础上，重点介绍锂电池的电极制造、电芯装配和激活检测三段主要的工艺流程及相应的制造和检测装备。部分装备配有视频，方便读者直观形象地了解设备的工作过程。最后介绍了与锂电池智能制造相关的标准及智能工厂建设集成。全书最后由王红志教授担任主审。

本书首先可作为能源与动力工程、机械工程、材料工程、新能源科学与工程、储能科学与工程、新能源汽车等相关专业的专科生、本科生和研究生的教材使用，目前国内已有部分高校开设了该课程。其次是对将来有志于从事该行业的其他专业学生，本书可以为其了解行业情况提供参考。最后，本书对锂电池等相关行业的工程技术人员、科研人员和管理人员等也具有较大的参考价值。

本书的撰写出版，凝聚了行业内外多方的资源，除了各章节编者的辛勤工作外，还得到了业内多位专家学者的精心指导，以及多家公司在技术文档和视频内容等方面的倾力支持，本书的出版还获得了深圳技术大学教材出版专项资金的资助，在此表示衷心的感谢。由于水平及时间有限，书中如有疏漏与不妥之处，希望读者给予指正。

编者

# 目 录

# 第3章　锂电池材料　　　　　　40

# 第4章　锂电池制造工艺　　　　　　66

# 第1章

# 绪论

## 1.1 行业背景

能源是人类文明进步的基础和动力，攸关国计民生和国家安全。人类社会发展的历史与能源的开发利用水平密切相关，每一次新型能源的开发都使人类经济发展和文明产生一次飞跃。在化石能源大规模使用后，人类先后经历了三次工业革命，迈入了物质极大丰富的工业文明时代。化石能源与现代人类的生产生活息息相关，化石能源生产消费链条上的任何一个环节出问题，其影响力和波及范围都是巨大的。

然而，人类在享受了化石能源给生活带来便利的同时，也在承担着其带来的不利影响。首先是生产、消费化石能源带来的环境污染问题。众所周知，能源消费中的碳排放导致的温室效应，已在全球范围内凸显其破坏力，对全球气候造成的影响是巨大而深远的。此外，排放的其他有毒有害粉尘气体，对人类的身心健康和生态环境都造成了严重的伤害。其次是国家安全问题。社会发展得越快，对化石能源的需求就越大，依赖程度就越高。能源安全几乎在每个国家都是国家安全的重中之重。纵观近代世界发生的几次局部战争，说到底就是能源的争夺战。最后是可持续发展问题。化石能源是不可再生的一次能源，其总量是有限的，人类虽不至于在短时间内将其消耗殆尽，但也不可能一直依赖它。

有鉴于此，人类开始重视寻找新能源，尤其重视太阳能、风能、地热能、海洋能、生物质能和氢能等清洁可再生能源的开发使用。世界各主要经济体，如美国、中国、日本、欧盟、东盟等，都纷纷制定相关政策，加大投入力度，力求在新能源技术和市场方面抢得先机。当前，世界能源结构正在孕育着重大的转变，即由矿物能源系统向以可再生清洁能源为基础的可持续能源系统转变。

中国是能源消费大国，《bp 世界能源统计年鉴》（2021 年版）显示，2020 年，中国一次能源消费总量占世界总消费量的比重为 26.13%，连续 12 年位居世界第一。在能源结构方面，污染大、热效率低的煤炭占比依然过大，清洁可再生能源的占比在持续提高。截至 2021 年，煤炭、石油和清洁可再生能源的消费量占比分别为 56%、19% 和 25%，其中超过 70% 的石油需要进口。中国的能源结构还需要进一步优化，大力发展清洁可再生能源是必然的选择。

生态兴则文明兴。面对气候变化、环境风险挑战、能源资源约束等日益严峻的全球问题，中国树立人类命运共同体理念，促进经济社会发展全面绿色转型，在努力推动本国能源清洁低碳发展的同时，积极参与全球能源治理，与各国一道寻求加快推进全球能源可持续发展的新道路。习近平总书记在第七十五届联合国大会一般性辩论上宣布，中国将提高国家自主贡献力度，采取更加有力的政策和措施，二氧化碳排放力争于2030年前达到峰值，努力争取2060年前实现碳中和。新时代中国的能源发展，为中国经济社会持续健康发展提供有力支撑，也为维护世界能源安全、应对全球气候变化、促进世界经济增长做出积极贡献。

要高效利用和发展清洁可再生能源，就离不开储能技术。储能是节能环保、清洁能源、能源互联、电动汽车等新能源产业的基础技术，被世界经济论坛（达沃斯论坛）评为未来可能改变世界的十大新技术之一。储能电池是储能技术研发和应用最活跃的领域。储能电池主要是指用于太阳能发电设备和风力发电设备以及可再生能源储蓄的蓄电池。目前储能电池技术发展很快，已对新能源发展、电网运行控制、终端用能方式等产生重大影响。

锂离子电池是当前最受关注的储能设备，在电化学储能领域占据绝大部分份额。综合国际可再生能源署（IRENA）、国际能源署（IEA）等机构的判断，2030年左右锂离子电池将突破技术瓶颈，电池整体性能得到全面提升，成为最具大规模商用前景的主流电池技术。当前的锂电池绝大部分都是锂离子电池，因此，在本文中统称为锂电池。

从锂电池的出货量来看，2021年全球锂电池总体出货量为562.4GWh，同比大幅增长91%。从结构来看，全球汽车动力电池出货量为371.0GWh，同比增长134.7%；储能电池出货量为66.3GWh，同比增长132.6%；消费电池出货量为125.1GWh，同比增长16.1%。中国锂电池的出货量占总出货量的60%以上，全球十大锂电池生产企业，中国有6家。中国的锂电池产业已具备相当雄厚的基础。

# 1.2　锂电池的应用

锂电池的研究起源于20世纪70年代，在威廷汉、古迪纳夫、吉野章等的持续改进下，锂电池的体积、容量和安全性得到了逐步的改进提升。1991年，索尼公司率先实现锂电池量产，并迅速在数码电子产品上广泛应用，开启了锂电池大规模应用之门。随后的智能手机和平板电脑、电动汽车以及能源存储，将锂电池的应用扩展至社会生活的方方面面。

## 1.2.1　消费锂电池

凭借体积小、质量轻、能量密度高、无记忆效应等优点，锂电池在20世纪90年代就在便携式消费类数码产品上得到了广泛的应用。后来松下公司推出了圆柱形锂电池，打开了笔记本电脑的成长空间。至2000年左右，消费电子占到了锂电池需求的90%，其中功能手机和笔记本电脑的占比高达75%。得益于便携式数码产品的快速发展，锂电池的产业链开始形成。2007年后，智能手机和平板电脑开始陆续登上历史舞台。在智能机时代，由于电池的质量和容量直接影响到用户的体验和选择，特别是平板电脑定位于移动办公、视频娱乐的综合需求，这就要求锂电池在设计上更加突出轻薄、长续航以及散热快等性能，锂电池的技术水平得到进一步发展。宁德时代（CATL）的母公司宁德新能源科技有限公司（ATL），正是借着这波浪潮，成为消费类锂电池的冠军。除此之外，锂电池在应急电源、电动工具、玩具、医疗器械等行业也逐步得到了广泛的应用，图 1-1 列举了锂电池在消费类电子产品中的应用示例。

(a) 手机      (b) 平板      (c) 相机      (d) 电动工具

图 1-1 锂电池在消费类电子产品中的应用示例

## 1.2.2 动力锂电池

随着全球经济的快速发展，能源消耗越来越多，环境污染越来越重，降低汽车燃油使用量，减少汽车有害气体和污染颗粒的排放，是全球应对能源过量消耗和环境严重污染的重要措施之一。

在消费类电子产品中得到成功应用之后，锂电池在 2007 年前后进入汽车领域，逐步成为新能源汽车最主流的能源存储转化技术方案，动力锂电池随之也成为新能源汽车的核心组成部分之一，如图 1-2 所示。近年来，世界主要汽车大国纷纷加强战略谋划、强化政策支持、加大研发投入、完善产业布局，新能源汽车已成为全球汽车产业转型发展的主要方向和促进世界经济持续增长的重要引擎。

图 1-2 新能源汽车锂电池应用示意图

新能源汽车作为我国新兴产业之一，承载着缓解我国石油资源不足、减轻环境污染问题、实现我国汽车产业结构转型升级的重任。2008 年的奥运会上，国内新能源汽车首次亮相。此时锂电池生产企业数量少、技术不成熟、产品类型单一、质量较低且不稳定。到 2009 年，新能源汽车仅销售 5200 辆，锂离子电池产能 15 亿只。2009 年后至

2021 年的十多年间，中国政府制定了一系列新能源汽车产业发展驱动政策和补贴措施，市场规模逐步壮大。2021 年中国新能源汽车销量已突破 330 万辆，占世界总销量的一半以上，连续 7 年世界第一。截至当前，中国新能源汽车的保有量超过 1000 万辆。

在新能源汽车产业的带动下，国内动力锂电池产销量也保持了快速增长。生产技术日渐成熟稳定，产品呈现多样化、差异化，质量逐步提高且稳定可控，产业利润迅速增长且利润率较高。2021 年动力锂电池配套量超过 154GWh，造就了名副其实的全球龙头企业——CATL（宁德时代新能源科技股份有限公司），连续 5 年全球装机量第一，市场份额达到 33.9%。

从全球动力锂电池需求量预测（图 1-3）来看，到 2025 年将实现 1TWh 的制造能力，2030 年全球动力锂电池需求将达到 3TWh，市场前景广阔。

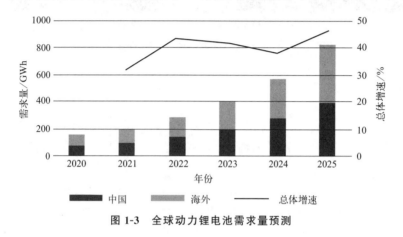

图 1-3　全球动力锂电池需求量预测

### 1.2.3　储能锂电池

电能一旦产生出来，就要立即使用，否则就会消失，造成浪费。如果在电网系统中增加储能系统，把用不完的电能先储存起来，在需要的时候再释放出来，这样就会形成柔性节能的智慧电力系统。在清洁可再生能源中，电力波动起伏更为明显，光伏发电受制于光照时间，风电则受制于风力情况，潮汐能亦是如此，还有因为电力传输拥堵导致的弃光弃风问题。因此，清洁可再生能源的大规模使用，必然离不开储能系统的支持。

近几年，电化学储能在整个储能技术中的占比不断提升，而锂电池又占电化学储能的绝大部分份额。据中关村储能产业技术联盟（CNESA）的统计，截至 2021 年年底，全球已投运储能项目的累计装机容量达 203.5GW，同比增长 6.5%，其中，电化学储能占比 7.5%。同期中国储能累计装机容量为 43.4GW，电化学储能占比达到 11.8%。全球电化学储能项目已超过 1000 项，项目数量遥遥领先。在电化学储能示范项目数中，锂电池所占比重最高。2021 年中国电化学储能新增装机容量为 1845MW，锂电池占比达到 91%。锂电池技术在电网调峰调频、电动汽车、商用/家用储能系统等领域具有广阔的应用前景。锂电池储能应用示例如图 1-4 所示。

锂电池在储能中的应用，除了使用全新的电池外，还可以将退役动力电池进行二次再利用，即梯次利用。一般而言，新能源汽车电池容量衰减到 60%～80% 便达到了退役的标准，需要更换电池。然而这些退役的动力锂电池并非完全失去了价值，可以在其

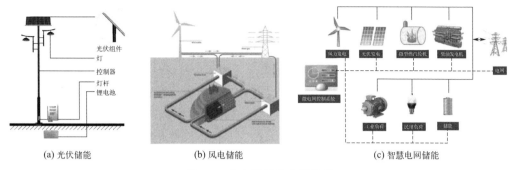

(a) 光伏储能     (b) 风电储能     (c) 智慧电网储能

图 1-4　锂电池储能应用示例

他领域进行梯次利用，发挥其剩余价值。比如共享电动车、路灯、偏远地区的充电基站以及家庭储能等。退役动力锂电池的梯次利用不仅能够提高资源利用效率，也可以有效缓解大批量电池进入回收阶段带来的巨大压力。目前，我国动力锂电池的梯次利用还处在试点阶段，通过借鉴国外对退役锂电池的回收处理经验，梯次利用是退役动力锂电池的主要落脚点。我国对回收后的退役动力锂电池的处理是鼓励企业先进行梯次利用，直到不能满足梯次利用的需求再进行材料回收。退役动力锂电池的梯次利用不仅可以减少环境污染和资源浪费，也可以更充分利用退役动力锂电池的剩余价值为企业创造利润，降低新能源汽车的成本。

退役动力锂电池能否进行梯次利用，主要依据是电池的剩余容量。根据所剩余容量从大到小应用的领域依次为低功率电动汽车和电动自行车、电网储能、低端储能需求如家庭储能等。图 1-5 是动力锂电池梯次利用的标准。当电池剩余容量在 20%～80% 时，则可以进行梯次利用；如若电池剩余容量低于 20% 时，则已不满足梯次利用的标准，应送到电池拆解厂进行材料的回收。

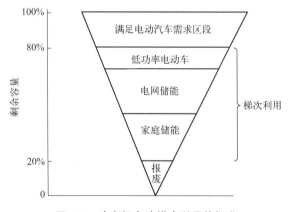

图 1-5　动力锂电池梯次利用的标准

# 1.3　锂电池产业发展趋势

经过近 20 年的沉淀积累，锂电池技术经过数次迭代，已在多个领域得到推广使用，且在要求较为严苛的汽车上得到验证，制造流程趋于规范，产销量更是突飞猛进，年均复合增速超过 20%，预计 2025 年将突破 1TWh。

**（1）市场规模**

相关研究报告显示，预计 2025 年全球锂电池出货量将达到 1.2TWh，到 2030 年将达到 6.5TWh。从细分领域来看，消费类锂电池的出货量将继续呈现快速发展态势，预计到 2030 年出货量为 216GWh；在动力电池方面，新能源汽车是未来发展大趋势，这几乎成了国际上公认的事实，全球多个国家和车企已宣布停售燃油车的时间表，新能源汽车渗透率到 2030 年预计将突破 35%，这将拉动锂电池出货量逼近 5TWh。储能方面，预计到 2025 年，全球用于电力电网、工业储能、家庭储能和通信储能等储能领域的锂电池出货量为 168GWh，2030 年将达到 1.6TWh。随着制造规模的提升，电池成本得到了显著的改善，2009 年锂电池单体成本为 3.40 元/Wh，到 2020 年已经下降到了 0.58 元/Wh，降幅高达 83%，年均降幅为 15%，预计未来还有进一步的优化空间。

**（2）技术路线**

锂电池要得到更广泛的应用，需要在能量密度、安全、循环寿命等方面做进一步的优化提升。为了追求锂电池的高比能量、长循环寿命以及更高的安全性，不断降低制造成本，锂电池从钴酸锂、磷酸铁锂发展到目前的三元材料体系。日韩企业把固态电池作为下一阶段（2025 年左右）量产的主攻方向，锂硫电池、锂空气电池也在研究范围之内。电池的形态将从液态、半固态发展到全固态。锂电池的制造工艺及制造技术会随着电池材料（正负极、隔膜、电解液）特性和电池形态的变化而发生较大的变化。锂电池技术发展目标如表 1-1 所示。

**表 1-1　锂电池技术发展目标**

| 目标内容 | 2020～2025 年 | 2025～2030 年 | 2030～2035 年 |
|---|---|---|---|
| 电池体系 | 铁锂、三元、半固态 | 固态、锂硫 | 锂硫、锂空气 |
| 电池容量 | 单体：300Wh/kg<br>系统：200Wh/kg | 单体：400Wh/kg<br>系统：280Wh/kg | 单体：500Wh/kg<br>系统：300Wh/kg |
| 制造成本 | 0.70 元/Wh | 0.50 元/Wh | 0.30 元/Wh |
| 寿命 | 2000 次 | 2500 次 | 3000 次 |
| 制造 | 模型化、数字化制造 | 智能化制造 | 虚拟现实制造 |

**（3）产业格局**

世界范围内锂电池的研发和产业化主要集中在三个区域，分别位于德国、美国和中日韩所在的东亚地区。长期以来，中、日、韩三国在消费类电子用小型锂离子电池领域处于技术、市场的绝对主导地位，锂电池的生产目前也主要集中在这三个国家。从技术与产业的角度综合来看，日本在技术方面依旧领先，韩国在市场份额方面超越日本，而中国的电池企业数量最多，产能和出货量最大。以美国和德国为代表的欧美政府和企业，正在积极支持布局锂电池产业，有基础技术研发雄厚和市场开拓后发优势。

**（4）电池回收**

锂电池中含有多种元素和化合物，报废后需要回收利用，否则会造成环境污染和资源浪费。此外，锂电池所需要的部分原材料，如锂、锰、钴等，要么非常稀缺，要么开发难度大，要么供应风险大，回收报废电池可以从一定程度上补充原材料。2015 年中国报废锂电池约 4 万吨，至 2020 年已达到 17 万吨，电池的回收再利用已成为新能源产业发展的重要一环。锂电池目前主要的回收方法是冶金法，主要有火法、湿法、生物浸出法三种方式。其中，火法能耗高，会产生有价成分损失，且产生有毒有害气体。生物浸出法处理效果差，周期较长，且菌群培养困难。相比之下，湿法具有效率高、运行可靠、能耗低、不产生有毒有害气体等优点，因此应用更普遍。此外，电池修复和材料再生等创新回收技术正在研究开发中。

# 第2章

# 锂电池电化学基础

一般来说，日常生产生活中常见的电池以化学电池居多，例如手机、电动汽车的电池等。所谓化学电池是一个系统或装置，这个系统内的某些物质或材料发生化学反应时伴随的能量变化是以电能的形式体现的，从而实现发电和存储电能的功能。这个过程要遵守能量守恒定律，即化学能与电能的转换是守恒的。

化学能为什么能够转换为电能？化学能怎样转换为电能？后一个问题涉及电化学及电化学装置的知识和技术。我们知道，所有的化学反应的本质都是反应物原子的核外电子之间电磁力相互作用的结果，电子之间的电磁作用导致了化学键的形成。化学能就是化学键的键能，键能决定了分子的构型和稳定性。化学反应就是化学键的改变，化学能的本质就是电磁能。电池就是通过化学反应直接获得电能的化学反应装置。

## 2.1 电化学装置或系统

要回答化学能如何直接转换为电能的问题，先来看一个非常简单的化学反应，即金属锂的氧化反应：

$$4Li + O_2 \Longrightarrow 2Li_2O \tag{2-1}$$

锂和氧气分子反应生成了氧化锂分子。氧化锂分子中锂原子和氧原子的距离不到1nm。也就是说当锂原子和氧原子互相靠得足够近，达到原子尺度的时候，氧化反应才会发生。锂和氧的核外电子在电磁力的作用下形成了化学键，同时伴随能量的释放。这个能量是因为反应前后系统的电子状态改变而产生的，所以是电磁能。但在这个反应过程中只能观测到热能。至于为什么这样的反应过程中电磁能会转换为热能，目前还没有见到明确的解释和说明。我们不知道如何在如此微小的反应空间内把电能取出来。根据电工学的经验，要有一个回路，当电流在回路中流动时才能观测到电能。那么怎样才能让这个反应的能量以电能的方式体现出来呢？显然我们已经知道，如果锂和氧分子接触，只能得到热能。如果把两者分开到宏观层面的距离，构成一个类似电路的回路，是否可以从这个反应得到电能而不是热能？这是一个什么样的回路？锂原子和氧原子怎样才能走到一起形成氧化锂分子而完成同样的反应？看来必须构造一个特殊的反应装置来实现上述的想法。这个装置中一定要有一个能把相隔遥远的锂原子和氧原子联系起来的媒介。幸好几百年前的偶然发现解决了这个问题。

1780年，意大利的解剖学家伽伐尼（A. L. Galvani）发现铁制解剖刀碰到铜盘中死青蛙的大腿，会使青蛙的大腿肌肉抽动。他进一步研究了这个现象。如果单用其中一根金属棒去碰青蛙的大腿，没有任何反应。如果两只手各拿一根不同的金属棒同时碰青蛙的大腿，肌肉又发生抽动。反复试验，均是如此。1791年伽伐尼发表了研究结果，认为存在"动物电"。伽伐尼的发现对解剖学没有什么实际意义，然而却在物理学界产生了巨大的震动。

意大利物理学家伏特（A. Volta）并不认同伽伐尼的"动物电"。他猜想青蛙的肌肉会产生电流，很可能与肌肉中的某种液体有关。于是，他把两种不同的金属片放在各种不同的溶液中去做实验。结果发现，这两种不同的金属片，其中只要有一种能跟溶液发生化学反应，它们之间就能产生电流。最后他把一块银板和一块锌板放在盐水中，从而正式做成了世界上第一个电池。此后，伏特的实验结果被正式概括为：主要部分包括正负两个电极（伏特电池的银板与锌板）和电解质（伏特电池的盐水），使用时用导线把两个电极和外电路连接，即有电流通过，称为放电，从而获得电能的一种装置，此即为电池。

现在回过头来构造符合化学反应方程式(2-1)的电化学系统。要按照伏特的想法先确定两个电极，容易想到锂和氧气应分别作为两个电极。根据前面的论述，金属锂和氧气是反应物，但它们又不能直接接触。所以还要找到一种液体，既能把锂和氧气分开又能使它们保持某种联系并完成式(2-1)的反应。假设这些必要的材料都具备了，于是构造出来的电化学装置如图2-1所示。

图2-1中右边是氧气电极。由导电的金属如铂、金和管道连续吹出的氧气泡构成。图左边是金属锂电极。金属锂和水会发生剧烈

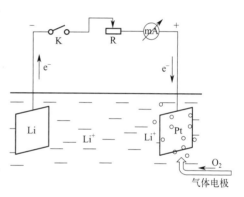

**图 2-1　金属锂空气电池示意图**
R—电阻（负载）；K—开关；mA—电流表

反应，所以采用有机电解质。将导线和负载（电阻）与两个电极连接，电流表指针偏转，表明有电流产生。如果锂电极足够小，很快就会消耗殆尽，指针归零，反应停止，这只是现象。其本质是外电路（连接两个电极的导线和负载）接通后，锂电极上的锂原子放出一个电子变为带一个正电荷的离子进入液体，在液体中运动到达氧电极。锂原子放出的电子沿着外电路形成电流也到达氧电极。电子、锂离子、氧气在氧电极的界面汇合，生成的新物质恰好是式(2-1)中的反应产物氧化锂。这个装置的原理与当前广泛应用的锂离子电池非常相似。

参与反应的物质虽然已经在空间上分开了，锂原子还是穿越了空间与氧原子相遇了，但不是作为原子直接过去的。锂原子是拆分为离子和电子分别沿着不同媒介或路径过去的。但是结果与锂原子和氧气直接接触反应相同。通过这个例子，我们可以归纳出一些新的知识点并产生新的思考。

## 2.1.1　半电池

每个电极都在进行自己的反应，但是两个电极反应并不是独立的，而是被电解液联系着，每个电极只能进行某个固定反应。最后的总反应就是通常的化学反应方程式。一个电极和与之接触的电解质构成电池的一半，也称作半电池。两个半电池构成一个全电池。半电池反应实际是一个电极上发生的反应。例如，式(2-2)和式(2-3)是两个半电池或电极反应，合起来是一个全电池反应。

锂电极反应：

$$2Li = 2Li^+ + 2e^-$$ (2-2)

氧电极上的反应：

$$\frac{1}{2}O_2 + 2Li^+ + 2e^- = Li_2O$$ (2-3)

总反应：

$$\frac{1}{2}O_2 + 2Li = Li_2O$$ (2-4)

这是一个典型的氧化还原反应。我们知道氧化反应和还原反应都是同时成对出现的。失电子物质被氧化，这一点在锂电极上没什么问题，锂放出一个电子而氧化。问题在于如何理解氧电极上的反应。氧电极上有三种反应物和一种生成物，即式(2-3)。既然氧化反应和还原反应同时成对出现，那么氧电极就应当有氧的还原反应，因为锂不可能在氧电极上得到电子而还原。

$$\frac{1}{2}O + 2e^- = O^{2-}$$ (2-5)

总反应式(2-4)可以写成：

$$\frac{1}{2}O + 2Li = 2Li^+ + O^{2-} = Li_2O$$ (2-6)

按照式(2-2)和式(2-5)得到的总反应出现了一个中间过程，这意味着如果坚持按照氧化反应和还原反应同时成对出现的原则，那就一定要有氧被还原为负氧离子在先，然后再与正锂离子结合生成氧化锂，即式(2-6)。这样反应就有了时间顺序且要经过中间产物再反应得到最终产物。如要维持氧化反应和还原反应的同时性，则要求式(2-3)中的三个反应物同时共同反应生成产物。但这样就看不出氧电极还原时电子是如何交换的，且忽略了氧化还原反应的对称性。而对称性也是自然界的一个重要的基本原则，除非能够证明对称性破缺的存在。此外，我们也有理由认为存在时间顺序和中间产物在逻辑上是自洽的。首先，电化学能把反应物在空间上分隔，让反应具有时间顺序不导致矛盾。其次，按照爱因斯坦光速是自然界极限速度公理，任何过程进行的速度都不能超过光速，化学反应也是一样。20世纪晚期发展起来的飞秒激光化学研究证明了化学反应需要时间以及反应中间体生成的过程。或许可以认为，既然化学反应的本质是电的，并且电化学过程用宏观的反应装置把微观层面电的过程展现出来，那么完全有理由猜测锂和氧气接触发生氧化还原反应的微观机制也是通过锂失去电子氧化为锂正离子，氧得到电子还原为氧负离子，然后正负离子电耦合生成氧化锂。在电化学装置中实现这样的过程更容易。区别在于微观反应不需要外电路和电解质液体，因为在原子尺度，电子可按隧道效应运动转移，而不需要导体来导电。电子转移了，离子也就产生了，电解质自然就不需要了，因为电解质的作用不过是给物质变为某种离子提供一个环境，或作为承载离子，使离子能在电解质中运动。按照这样的观点，化学与电化学反应的机制就都统一到电化学的机制上来了。

## 2.1.2 法拉第定律

与化学反应一样，电化学反应也要遵守能量守恒和质量守恒定律。电化学的质量守恒定律就是法拉第定律。法拉第定律是电化学上最早的定量的基本定律，揭示了通入电量与析出物质之间的定量关系。该定律的使用没有限制条件，在任何温度、任何压力下均可以使用，可以表述为：

$$m = KQ = KIt \tag{2-7}$$

式中　$m$——反应物质变化的质量，kg；

　　　$Q$——通过的电量，C；

　　　$I$——电流强度，A；

　　　$t$——通电时间，s；

　　　$K$——比例常数（电化当量），kg/C。

$$K = m/(Fn) \tag{2-8}$$

式中　$n$——一个离子所带电荷数；

　　　$F$——法拉第常数，其值为 96500C/mol。

法拉第定律揭示了电化学过程中物质质量的变化可用过程产生的电量来计算。

# 2.2　电化学系统与电极命名

电池的习惯写法见式(2-9)，负极在左，正极在右。所有的界面用竖线表示。两种不同的电解质界面、隔膜、盐桥等用双竖线表示。$(a)$ 表示活度为 $a$ 的电解质。

$$(-)Cu|Zn|ZnSO_4(a_1)||CuSO_4(a_2)|Cu|Cu(+) \tag{2-9}$$

电化学装置按发电和用电分为两大类：

① 原电池：向外电路提供电能（发电）的电化学系统。

② 电解池：从外电路获取电能（用电）的电化学系统。

电化学装置的两个电极按电极电势高低可分为正极和负极。正极为电势高的电极，负极为电势低的电极。图 2-1 中的氧电极是正极，锂电极是负极。

按氧化还原反应，则可称为阳极和阴极。阳极为发生氧化反应的电极，阴极为发生还原反应的电极。图 2-1 中的锂是阳极，也是负极；氧是阴极，也是正极。如果给这个电池充电，则锂为阴极，仍是负极；氧为阳极，仍是正极。

# 2.3　电解质

电解质的称谓并不唯一，需要根据所描述的问题来定义。当关注点为溶液的电化学功能和作用时，行业人员习惯上称为电解质；但当关注点为电解质溶液中溶质的性质时称为电解液，溶质称为支持电解质。考虑行业人员习惯及未来固态电池用的固态电解质，除非有特别说明，本章中统称为电解质。

## 2.3.1 电离

伏特电池中的盐水能够完成前述电化学系统中描述的功能。但对这种液体的理解直到阿伦尼乌斯（Arrhenius）提出电离学说才逐渐深入到事物的本质。按照电离学说，盐溶解在水中形成自由移动的正负离子。例如，NaCl 是离子晶体，晶格位点不是由中性原子占据，而是由带正电的钠离子和带负电的氯离子占据。正负电荷的静电力维持晶体稳定。由库仑定律，电荷为 $q_1$ 和 $q_2$ 的同号点电荷在相距 $r$ 时的库仑排斥力为：

$$F_{12} = \frac{q_1 q_2}{4\pi\varepsilon_r\varepsilon_0 r^2} \tag{2-10}$$

式中　$\varepsilon_r$——两电荷之间介质的相对介电常数；

　　　$\varepsilon_0$——真空的介电常数。

因为水的介电常数很大（78.3），NaCl 溶入水中后离子之间的静电引力减小为原来的 1/78。这还不足以将 NaCl 解离为正负离子。水分子的溶剂化作用更为重要，可以如下表达：

$$NaCl + (n+m)H_2O === Na^+(H_2O)m + Cl^-(H_2O)n \tag{2-11}$$

由于盐很稳定，早期人们不相信其能被电离成离子，只是把电离学说看作是假设。在此之后，电离理论解释了大部分实验现象，并把盐的电离理解为离子与溶剂分子发生了某种反应［式(2-11)］，这种反应促进了盐的电离。

共价键化合物也能被溶剂电离成正负离子形成液体电解质，如氯化氢分子（气体不能形成晶体，所以也不能成为离子键化合物）可以在水中电离成为电解质。但氯化氢在苯中不能被电离，所以氯化氢和苯不能形成电解质。葡萄糖在水中溶解但不是电解质，溶解在氟化氢中却能形成电解质。由此可见，电解质要由特定的化合物和溶剂匹配构成。

## 2.3.2 非水溶液电解质

常见的非水溶液电解质有以下几种。

**（1）熔盐电解质**

如氯化钠高温熔融后解离成钠离子和氯离子而形成电解质。

**（2）聚合物电解质**

如燃料电池用的全氟磺酸膜是聚合物电解质，其中含有显负电的磺酸基和显正电的氢离子。

**（3）离子液体**

离子液体实际上是室温条件下的熔盐电解质，由特定的有机阳离子和无机阴离子构成。人们曾试图采用这类离子液体作为锂离子电池的电解质，以提高安全性。

**（4）无机固体电解质**

如 $Li_3PO_4$，是目前固态锂电池研究中采用最多的一种固体电解质，其中含有锂阳离子和等量电荷的阴离子。

不论哪种类型的电解质，基本特征是要含有正（阳）负（阴）离子，必须满足电荷守恒定律，所以电解质必须是电中性的。

## 2.3.3 离子导体

电化学最基本且最重要的概念之一是离子导电，电解质中的各种离子都是带电粒子。如有电场作用，则离子就有了移动形成电流的倾向。离子移动方向由电场方向决定。与电子导电类似，无论是液体电解质还是固体电解质都是离子导体。与电子导体不同的是，仅在离子导体两端施加电压未必会使离子移动，只有当化学反应发生时，才会有离子电流。电流流动时电子导体不会发生

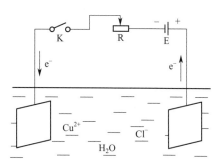

图 2-2　电解 $CuCl_2$ 水溶液的电解池示意图
E—直流电源；R—电阻；K—开关

任何变化，而离子导体（电解质）可能会发生改变。例如，锂离子电池充放电时电解质不发生变化，但电解氯化铜溶液（图 2-2）时，氯化铜溶液最后会变为纯水而失去导电性，这是由化合物制取金属铜的电化学方法。纯水是另外一种电解质，当电压超过1.5V，水电解为氢和氧，有离子电流通过电解质。

## 2.3.4 离子电导率

离子导电同样也有电阻率和电导率的概念。电子导体中一个电子带有一个负电荷。离子导体中的离子可能带有不止一个电荷：$H^+$ 带有一个正电荷，$Cu^{2+}$ 带有两个正电荷，$PO_4^{3-}$ 带有三个负电荷，等等。离子导体中的电流由所有移动的正、负电荷贡献。电解质的电导率与离子浓度、离子的性质、溶剂的性质（黏度、介电常数、溶剂化能力等）、溶剂类型以及温度密切相关。当温度、溶剂和溶质都确定，电导率只取决于溶质的浓度或离子浓度。离子浓度很低时，离子间相互作用对离子的运动速度影响不大，电导率随离子浓度的增加而变大。当离子浓度较高时，离子间相互作用的影响显著，电导率随离子浓度增大而变小，图 2-3 显示了一些电解质电导率随溶质浓度的变化。离子导体的另一个特点是温度升高电导率升高，这与电子导体截然不同。

## 2.3.5 离子活度

为理解活度的意义和作用，首先引入化学势的概念。化学势就是吉布斯自由能对成分的偏微分，所以化学势又称为偏摩尔势能。如果说温度是表征系统能量以热量传递的趋势，压强是表征能量以功传递的趋势，自由能是表征化学反应的趋势，那么化学势是表征系统与媒质，或系统相与相之间，或系统组元之间粒子转移的趋势。粒子总是从高化学势向低化学势区域或相转移，直到两者相等才相互处于化学平衡。电池能够发电的

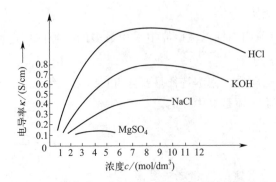

**图 2-3　18℃ 条件下电解质电导率随溶质浓度的变化**

势能也是源于化学势。

假设系统由 $n$ 种物质组成，$x_i$ 为第 $i$ 个组元的浓度，则系统的吉布斯自由能为：

$$G = G(T, p, x_1, x_2, \cdots) \tag{2-12}$$

按照化学势的定义：

$$\mu_i = G_i = \frac{\partial G}{\partial x_i} \tag{2-13}$$

对于理想溶液，在一定的温度和压力下，组元 $i$ 的化学势为：

$$\mu_i = \mu_i^0 + RT\ln x_i \tag{2-14}$$

式中　$\mu_i^0$——组元 $i$ 在标准态下的化学势，可以纯液体化学势作标准态。

只有理想溶液才能用浓度去计算化学势。通常的溶液不是理想溶液，故其化学势采用真实溶液的化学势。若要保持式（2-14）的形式不变并且得到正确的结果，则要对式中的浓度进行修正，即用活度替代浓度，表示为：

$$\mu_i = \mu_i^0 + RT\ln a_i = \mu_i^0 + RT\ln \gamma_i x_i \tag{2-15}$$

式中　$a_i$——组元 $i$ 的活度；

$\gamma_i$——活度系数。

此处 $\mu_i^0$ 是 $a_i = 1$ 时的化学势，即标准态下的化学势。类比理想溶液，活度相当于有效浓度。

电解质中的各种离子可以看作是溶液中不同的组元。每种离子有自己的化学势且有与式（2-15）相同的数学形式。对于只含有一对正负离子的电解质，正负离子的化学势可写为：

$$\mu_+ = \mu_+^0 + RT\ln a_+ = \mu_+^0 + RT\ln \gamma_+ x_+ \tag{2-16}$$

$$\mu_- = \mu_-^0 + RT\ln a_- = \mu_-^0 + RT\ln \gamma_- x_- \tag{2-17}$$

因为电荷必须守恒，不可能只改变一种离子的浓度而保持另一种离子的浓度不变，所以不能够由实验测量某一种离子的活度。于是为了方便讨论，引入平均离子活度系数 $\gamma_\pm$ 和平均离子活度 $a_\pm$（均指几何平均）。对于 NaCl 这样的 $+1$、$-1$ 价电解质溶液，设其浓度为 $c$，则有：

$$a_\pm^2 = a_+ a_- = c\gamma_+ c\gamma_- = c^2 \gamma_\pm^2 \tag{2-18}$$

于是有平均活度 $a_\pm = c\gamma_\pm$。

许多类型的稀溶液活度系数可以近似为 1。但对于电解质溶液来说，由于离子间的静电作用力很强，即便是极稀的溶液，活度系数仍不能忽略不计，离子相互作用使得离子通常不能完全发挥其作用，所以离子实际发挥作用的浓度称为有效浓度，或称为活度。显然活度的数值通常比其对应的浓度数值要小些。根据能斯特方程，离子活度的对数值与电极电位线性相关，因此可对溶液建立起电极电位与活度的关系曲线，此时测定了电位，即可确定离子活度。测量仪器为电位差计或专用离子活度计。换句话说，如果知道了离子活度就可以计算电极电位。活度的重要性是把电化学纳入了普适的热力学体系之中。这些概念将在随后的内容中介绍。

# 2.4 电极

电极的概念是法拉第在 1834 年进行系统电解实验后提出的，最初是指插在电解质中的金属棒。随着电化学的不断发展，人们认识到电极远不止是电解质中的金属棒，不同的化学反应对应各种不同的电极，所以电极一般指与电解质溶液发生氧化还原反应的位置。电极可以是金属或非金属，只要能够与电解质溶液交换电荷即可称为电极。

## 2.4.1 电极类型

**（1）金属电极**

简单说就是插入电解质中的金属棒。金属电极本身可能发生氧化还原反应，也可能不发生反应。例如在电解水时，氢和氧在各自的电极表面析出，电极不消耗，这类电极也叫惰性电极，本身只起电子导电作用。

**（2）难溶盐电极**

将金属表面覆盖一层该金属的难溶盐，然后再浸入含有难溶盐阴离子的溶液中构成，存在金属与难溶盐、难溶盐和电解质溶液之间的两个相界面，如 $Hg(l) \mid Hg_2Cl_2$ $(s) \mid Cl^-(aq)$。

**（3）气体电极**

指有气体参与电极反应的电极，如图 2-1 中的氧电极。气体分子与溶液中相应的离子在气/液相之间的惰性金属上接受电子，从而建立电极反应的平衡。实验室中往往用镀有铂黑的铂片作为电极的电子导体。在燃料电池、金属空气电池等的研制开发中研制了载有催化剂的气体扩散电极，扩展了气体电极的应用。

**（4）半导体电极**

将半导体作为电极材料时，半导体及与它紧密接触的电解质构成半导体电极。它与金属电极材料的主要差别为：①有电子和空穴，都能导电，两者的浓度可以通过掺杂改变，但载流子的浓度比金属低好几个数量级，故表面将形成空间电荷层；②因表面缺陷、吸附、氧化物生成等原因形成"表面态"能级，影响电极性能；③合适的光照将产生光电流。这些特点形成了半导体电化学的学科分支。

目前最流行的锂离子电池的正极材料钴酸锂、磷酸铁锂等都是半导体电极，但其在电池中的行为和作用已经不是传统意义上的电子和空穴导电的半导体。锂离子可以从正极嵌入或嵌出，相当于材料内部形成离子导电。锂离子嵌出过程类似金属溶解为离子进入电解质（锂被氧化），锂离子嵌入过程类似离子从电解质中沉积（锂被还原）。

**（5）聚合物电极**

由导电聚合物构成的电极。例如，有机电化学合成、聚合物电池等领域中使用的电极。

**（6）修饰电极**

利用吸附、涂覆、聚合、化学反应等方法把活性基团、催化物质等附着在电极金属（包括石墨、半导体）表面上，使之具有较强的特征功能。这是 20 世纪 70 年代以来电极制备方法的新发展。

**（7）生物电极**

生物电极是以生物材料为敏感元件，依靠生物体内物质间特有的亲和力实现识别功能的电极。这类传感器既利用了生物传感器的选择性好、种类多、测试费用低及适合联机化的优点，又有电分析化学的不破坏测试体系、不受颜色影响和简便的特点，广泛应用于医疗、工业生产、环境监测等领域。

## 2.4.2 电极电势

原电池接通外电路则有电流流动并输出电功，那么必定有驱动电流的电势差或电压存在。电势差是如何产生的问题将引出电化学另一个重要的基本概念——电极电势。一切过程从开始到结束都需要势能驱动。水电站发电靠水的落差。化学反应能否进行取决于反应前后系统吉布斯自由能的变化。化学反应的本质是电的过程，自然电化学过程的驱动力逻辑上就可归结为电势差，事实也是如此。

在介绍电解质活度时引出了化学势。以金属电极为例，金属可以看作是自由电子和金属离子构成的系统。原本金属电极和电解质均呈电中性，金属电极浸入该金属离子溶液（电解质）后，由于金属离子在金属相和电解质相中的"化学势"（决定物质传递方向和限度的物理量）不同，金属离子会从化学势较高的相转移至较低的相中，最终离子在两相中化学势相等，此时电极和电极表面溶液电势极性相反。

利用式(2-9)表示的丹尼尔电池（图 2-4）给出进一步的说明。在这个电池体系中正极是铜电极，插入硫酸铜电解质中。负极是锌电极，插入硫酸锌电解质中。两种不同的电解质被只能通过阴离子（$SO_4^{2-}$）的离子选择膜隔开。

首先看看负极（锌电极）发生了什么。$Zn^{2+}$ 在电极中的化学势＞在溶液中的化学势，初期锌离子溶解速率＞沉积速率，进入溶液中的正离子数目＞沉积到电极上的正离子数目，电极表面溶液中积累过剩正电荷而呈正电性。随反应进行，离子挣脱电极电子的束缚进入溶液越来越困难，最终平衡（离子在两相中化学势相同，离子溶解速率＝沉积速率）而形成双电层如图 2-5 左边的电荷分布。双电层就像是一个电容器，锌电极表面带负电荷而有一个负电势，电极表面处的液体带正电荷而有一个正电势，两者的电势差 $E_{电极} - E_{表面溶液} = E_{Zn} < 0$。

再看看正极（铜电极）发生了什么。$Cu^{2+}$ 在电极中的化学势＜在溶液中的化学势，初期铜离子溶解速率＜沉积速率，进入溶液中的正离子数目＜沉积到电极上的正离子数目，电极表面溶液中积累过剩负电荷而呈负电性。随反应进行，离子挣脱溶液分子的束缚沉积到电极上越来越困难。达到平衡后形成的双电层如图 2-5 右边的电荷分布（$E_{电极} - E_{表面溶液} = E_{Cu} > 0$）。

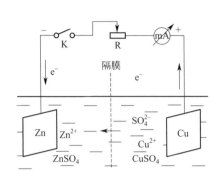

图 2-4　丹尼尔电池示意图
K—开关；R—电阻；mA—电流表

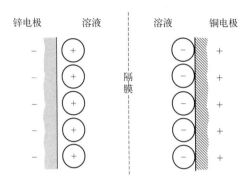

图 2-5　锌电极（左）和铜电极（右）表面双电层示意图

$E_{Zn}$ 和 $E_{Cu}$ 分别定义为锌电极和铜电极的绝对电极电势，简称电极电势。电极电势由电极和电解质的材料性质决定。按照这样的定义，电极电势即为双电层的电势差。双电层的建立是离子在电极和溶液中的化学势差导致的。近年来一些教科书引入了电化学势的概念，将电极电势产生的机制归结为电化学势差。离子在电极和溶液中的化学势的真实值是不知道的也是不可测量的，因此 $E_{电极}$ 和 $E_{表面溶液}$ 的值也是不知道的。尽管按照双电层理论，电极电势是纯电的性质，但电化学势也是不知道的。从化学能与电能可以相互转换且能量守恒的角度，完全可以把电化学势归到化学势中，这样不影响对化学与电化学具有同样本质的认识。

### 2.4.3　标准电极电势

电极电势不能由经典热力学和物理化学原理导出其具体的数值，也不能通过测量双电层的电势差来获得电极电势。因为如果要测量一个电极的电势，必须再插入一个电极到溶液中，又产生了新的溶液-电极界面，形成了新的电极，这时测得的电极电势实际上已不再是单个电极的电势，而是两个电极的电势差了。大多的科学技术问题，物理量的绝对值都是无法确定的。从实用的角度，感兴趣的往往不是其绝对值，知道相对值就足够了。就像任意一个电路，随意指定电路中一个参考点的电势为零，就可以计算相对参考点的任意点的电势位差，即相对参考点的相对电势。另一个典型的例子是水电站。水位相对水轮机的高度决定发电的能力，而水位的绝对高度既没有定义也没有意义。电极电势也是一样。可以选定一个电极作为参考，叫作参比电极，将欲研究的电极与参比电极组成原电池，通过测量两个电极的电势差（原电池电动势）得到该电极相对参比电极的电势。有了相对电势位，就可以处理电化学过程涉及的能量问题了。

由于参比电极的选择是任意的，所以相对电势也是任意的。为了使问题的处理过程简单规范，就要制定相应统一的标准。特别要强调，所有标准都是人为的规定。

为制定标准而引入标准电极电势的概念和定义。标准制定的第一步是选定一个标准的参比电极，所有的相对电极电势都是相对这个标准参比电极的；第二步是对电极参数做一些规定。

标准参比电极：规定用标准氢电极作为标准参比电极。铂电极在氢离子活度为1的理想溶液中所构成的电极，铂电极表面镀铂黑，电解质为浓度1.0mol/L的酸溶液，不断通入压力为100kPa的纯氢气，使铂黑吸附 $H_2$ 至饱和，这时铂片就好像是用氢制成的电极一样，原理与图2-1所示的氧气电极完全类似。进一步规定标准氢电极的绝对电势为零。测量任何一个电极与标准氢电极的电势差就是该电极相对于标准氢电极的相对电势。标准氢电极的制作和使用非常复杂，100kPa的氢气压力和活度为1的条件很难满足，并且理想溶液的假设显然不能成立。实际测量时需用电势已知的参比电极替代标准氢电极，如甘汞电极、氯化银电极等，它们的电极电势是通过与氢电极组成无液体接界的电池，通过精确测量用外推去求得的。

标准电极电势：对任意电极的相对电势再作规定，电解质中的离子浓度与电极中的离子浓度达到平衡后，如果电解质中离子的活度为1，则测得的相对电极电势就是标准电极电势。注意相对电极电势与标准电极电势的区别。

规定标准氢电极总是作为负极，待测电极总是作为正极，因此相对电极电势的测量值可以是负的也可以是正的，同样标准电极电势也可正可负。正或负的意义表示待测电极是否比氢活泼。比氢活泼的电极其电势为负值，例如 $Zn^{2+}/Zn$ 的标准电极电势是负值；没有氢活泼的电极其电势为正值，例如 $Cu^{2+}/Cu$ 的标准电极电势是正值。表2-1给出了25℃下不同金属离子、气体以及氧化还原电极相对于标准氢电极的电极电势。

**表 2-1　25℃下不同金属离子、气体以及氧化还原电极相对于标准氢电极的电极电势**

| 半电池 | 电极反应 | 电极电势/V |
| --- | --- | --- |
| $Li^+\mid Li$ | $Li^+ + e^- \longrightarrow Li$ | $-3.045$ |
| $Rb^+\mid Rb$ | $Rb^+ + e^- \longrightarrow Rb$ | $-2.925$ |
| $K^+\mid K$ | $K^+ + e^- \longrightarrow K$ | $-2.924$ |
| $Ga^{2+}\mid Ca$ | $Ca^{2+} + 2e^- \longrightarrow Ca$ | $-2.760$ |
| $Na^+\mid Na$ | $Na^+ + e^- \longrightarrow Na$ | $-2.711$ |
| $Mg^{3+}\mid Mg$ | $Mg^{2+} + 2e^- \longrightarrow Mg$ | $-2.375$ |
| $Al^{3+}\mid Al$ | $Al^{3+} + 3e^- \longrightarrow Al$ | $-1.706$ |
| $Zn^{2+}\mid Zn$ | $Zn^{2+} + 2e^- \longrightarrow Zn$ | $-0.763$ |
| $Fe^{2+}\mid Fe$ | $Fe^{2+} + 2e^- \longrightarrow Fe$ | $-0.409$ |
| $Cd^{2+}\mid Cd$ | $Cd^{2+} + 2e^- \longrightarrow Cd$ | $-0.403$ |
| $Ni^{2+}\mid Ni$ | $Ni^{2+} + 2e^- \longrightarrow Ni$ | $-0.230$ |
| $Pb^{2+}\mid Pb$ | $Pb^{2+} + 2e^- \longrightarrow Pb$ | $-0.126$ |
| $Cu^{2+}\mid Cu$ | $Cu^{2+} + 2e^- \longrightarrow Cu$ | $+0.340$ |
| $Ag^+\mid Ag$ | $Ag^+ + e^- \longrightarrow Ag$ | $+0.780$ |
| $Hg_2^{2+}\mid 2Hg$ | $Hg_2^{2+} + 2e^- \longrightarrow 2Hg$ | $+0.796$ |
| $Au^+\mid Au$ | $Au^+ + e^- \longrightarrow Au$ | $+1.420$ |
| $Pt\mid H_2\mid H_3O^+$ | $2H_3O^+ + 2e^- \longrightarrow H_2 + 2H_2O$ | $0.000$ |
| $Pt\mid H_2\mid OH^-$ | $2H_2O + 2e^- \longrightarrow H_2 + 2OH^-$ | $-0.828$ |

| 半电池 | 电极反应 | 电极电势/V |
|---|---|---|
| $Pt\|H_2\|Cl^-$ | $Cl_2 + 2e^- \longrightarrow 2Cl^-$ | +1.370 |
| $Pt\|O_2\|H_3O^+$ | $1/2O_2 + 2H_3O^+ + 2e^- \longrightarrow 3H_2O$ | +1.229 |
| $Pt\|O_2\|OH^-$ | $1/2O_2 + H_2O + 2e^- \longrightarrow 2OH^-$ | +0.401 |
| $Pt\|F_2\|F^-$ | $F_2 + 2e^- \longrightarrow 2F^-$ | +2.850 |
| $Pt\|Co(CN)_6^{3-}, Co(CN)_5^{3-}$ | $Co(CN)_6^{3-} + e^- \longrightarrow Co(CN)_5^{3-} + CN^-$ | -0.830 |
| $Pt\|Cr^{3+}, C^{2+}$ | $Cr^{3+} + e^- \longrightarrow Cr^{2+}$ | -0.410 |
| $Pt\|Cu^{2+}, Cu^+$ | $Cu^{2+} + e^- \longrightarrow Cu^+$ | +0.167 |
| $Pt\|Fe(CN)_6^{3-}, Fe(CN)_6^{4-}$ | $Fe(CN)_6^{3-} + e^- \longrightarrow Fe(CN)_6^{4-}$ | +0.356 |
| $Pt\|Fe^{3+}, Fe^{2+}$ | $Fe^{3+} + e^- \longrightarrow Fe^{2+}$ | +0.771 |
| $Pt\|Au^{3+}, Au^+$ | $Au^{3+} + 2e^- \longrightarrow Au^+$ | +1.290 |
| $Pt\|Mn^{3+}, Mn^{2+}$ | $Mn^{3+} + e^- \longrightarrow Mn^{2+}$ | +1.510 |
| $Pt\|PbO_2, Pb^{2+}, H_3O^+$ | $PbO_2 + 4H_3O^+ + 2e^- \longrightarrow Pb^{2+} + 6H_2O$ | +1.690 |
| $Pt\|MnO_4^-, Mn^{2+}, H_3O^+$ | $MnO_4^- + 8H_3O^+ + 5e^- \longrightarrow Mn^{2+} + 12H_2O$ | +1.491 |
| $Pt\|Cr_2O_7^{2-}, Cr^{3+}, H_3O^+$ | $Cr_2O_7^{2-} + 14H_3O^+ + 6e^- \longrightarrow 2Cr^{3+} + 21H_2O$ | +1.360 |
| $Pt\|ClO_3^-, Cl^-, H_3O^+$ | $ClO_3^- + 6H_3O^+ + 6e^- \longrightarrow Cl^- + 9H_2O$ | +1.450 |

## 2.4.4 可逆电极

可逆过程是热力学理论中的基本概念。由于热力学的普适性，其理论和概念在所有的自然过程中都是有效的。可逆过程是指系统由状态（1）变成状态（2）之后，如果能使系统和环境都完全复原（即系统回到原来的状态，同时消除了原来过程对环境所产生的一切影响，环境也复原），则这样的过程就称为可逆过程。反之，如果用任何方法都不能使系统和环境完全复原，则称为不可逆过程。因此常说的化学反应可逆，不仅仅指反应可以正向进行也可以逆向进行，严格的说法是在同一条件下，既能向正反应方向进行，同时又能向逆反应方向进行的反应。在不同条件下能向相反方向进行的两个化学反应不能称为可逆反应。

同一条件下，既能向正反应方向进行，同时又能向逆反应方向进行的反应，那么反应究竟朝哪个方向进行呢？两个方向同时进行，就等于两个方向都停止。用化学的语言就是正向反应速率＝逆向反应速率。这就是说可逆反应一定会达到平衡。但是能达到平衡的反应未必是可逆反应。如果电极反应不可逆，热力学与电化学就无法构成明确的数学表达式，也不能用热力学方法计算电极电位。不可逆或偏离可逆太远的电极也不能构成实用化的可充电电池。本书中不做特别说明的电极系统均指可逆电极。

## 2.4.5 电池电动势

由前面介绍的知识可知，一个正极，一个负极，一种电解质就可构成一个最基本的原电池。原电池对外做功需要驱动力，这个驱动力即原电池的电动势，定义为通过电池的电流趋于零时，两电极间电势差的极限值。所谓极限值可以理解为电极反应达到平衡后的电极电势差值，此时的电势叫平衡电势。简单讲，电池电动势是指单位正电荷从电池的负极到正极非静电力所做的功。其数值也可以描述为电池内各相界面上电势差的代数和。仍以图 2-4 所示的以丹尼尔电池为例，这个电池中锌是负极，插入活度 $a_1$ 的硫酸锌电解质中，铜是正极，插入活度 $a_2$ 的硫酸铜电解质中。两种不同电解质被阴离子膜或盐桥隔开，在两种电解质的界面产生液接电势。另外，电池的外电路由铜作为导体连接锌电极和铜电极。由于铜和锌是两种不同的金属，电子在两种金属中的逸出功不同，因此在铜锌界面产生接触电势，于是丹尼尔电池的电动势 $E$ 应当表示为：

$$E = E_+ + E_- + E_{接触} + E_{液接} \tag{2-19}$$

式中　$E_{接触}$——接触电势差；

　　　$E_{液接}$——液体接界电势；

　　$E_+, E_-$——电极与溶液界面间的电势差（电极电势）。

注意即使是铜与铜的连接如果接触不良也会有接触电势。

电池的电动势不能用电压表测量。电压表的基本工作原理是用一个大电阻与电池并联，当电流通过时，利用线圈或霍尔器件等指示电流，按照欧姆定律计算大电阻两端的压降而测得电压。因有电流通过，电池发生电化学变化，电极被极化，电极电势改变，电动势不能保持稳定，且电池本身有内阻，电压表量得两极的电位差仅是电池电动势的一部分。利用对消法（或称补偿法）在电池无电流（或极小电流）通过时，测得的两极间的电位差，即为该电池的电动势。实际的电池的可用能量都是在外电路体现的，所以在电池制造与应用过程中感兴趣的是电池的电压，包括开路电压以及不同电流（负载）下的电压、不同温度下的电压等。电池电压小于电动势是显然的。

电池的电化学反应的驱动力是电动势。等温等压下的化学反应的驱动力是吉布斯自由能。由于电化学反应与化学反应本质相同，两者之间必然会通过能量守恒与转换联系在一起。由化学热力学可知，对于一个恒温恒压条件下的可逆化学反应，体系自由能的减少等于最大非体积功（$\Delta G = -W$）。如果把化学反应改为相应的电化学（电池）反应，则电池对外做的最大非体积功是电功：

$$W = EQ = nFE = -\Delta G \tag{2-20}$$

式中　$W$——电功；

　　　$E$——电池电动势；

　　　$Q$——参与反应的总电量；

　　　$n$——参与反应的电子的物质的量；

　　　$F$——法拉第常数。

对于不可逆过程，会有能量耗散，化学能不能完全转换为电功，电池的电功将减少。

### 2.4.6　电池反应的热效应

已知恒压下的吉布斯-亥姆霍兹方程为：

$$\Delta G = \Delta H - T \Delta S \tag{2-21}$$

将 $nFE = -\Delta G$ 代入吉布斯-亥姆霍兹方程得到：

$$\Delta S = -\left(\frac{\partial \Delta G}{\partial T}\right)_p = nF\left(\frac{\partial E}{\partial T}\right)_p \tag{2-22}$$

再把上式代入吉布斯-亥姆霍兹方程得到：

$$G = \Delta H - TnF\left(\frac{\partial E}{\partial T}\right)_p \tag{2-23}$$

再将 $\Delta G$ 用 $-nFE$ 替换整理得到：

$$-\Delta H = nFE - TnF\left(\frac{\partial E}{\partial T}\right)_p \tag{2-24}$$

式中，$\left(\frac{\partial E}{\partial T}\right)_p$ 称作电池电动势的温度系数。

若温度系数 $<0$，电池对外做的电功小于反应的焓变，一部分化学能转变为热量。如果电池对环境的散热不好，电池的温度就要升高，导致安全隐患。电动汽车用锂离子电池的温度系数 $<0$，因此要考虑电池的散热问题。若温度系数 $>0$，电池所做电功大于反应的焓变，这时电池从环境中吸收热量，吸收的部分热量可以转变为电功。若温度系数 $=0$，则电功等于焓变，电池工作时既不吸收热量也不放出热量，绝热条件下电池温度不变。

## 2.4.7 能斯特方程

1889 年，能斯特（Nernst）用热力学公式导出了电极电势与参与电极反应的物质浓度之间的关系，即著名的能斯特方程。实际上关系 $\Delta G = -nFE$ 已经揭示了热力学与电化学之间的等价，其中 $n$ 和 $F$ 都是常数。那么电动势 $E$ 包含了化学反应的吉布斯自由能变的全部内容。对任意一个恒温下的反应：

$$a\,A + b\,B \rightleftharpoons g\,G + h\,H \tag{2-25}$$

反应的吉布斯自由能变由范特霍夫等温式给出：

$$\Delta G = \Delta G^0 + RT\ln Q = \Delta G^0 + RT\ln\left(\frac{a_G^g a_H^h}{a_A^a a_B^b}\right) \tag{2-26}$$

式中　$Q$——反应的活度熵，由参与反应的各个物质的活度构成；

$\Delta G^0$——标准状态下反应的吉布斯自由能变，即各个物质的活度为 1 时的吉布斯自由能变。

如果这个反应也可以通过电化学过程来实现，令 $\Delta G^0 = -nFE^0$ 并与 $\Delta G = -nFE$ 一同代入范特霍夫方程，则有：

$$E = E^0 - \frac{RT}{nF}\ln\left(\frac{a_G^g a_H^h}{a_A^a a_B^b}\right) = \frac{RT}{nF}\ln K - \frac{RT}{nF}\ln\left(\frac{a_G^g a_H^h}{a_A^a a_B^b}\right) \tag{2-27}$$

这就是 1889 年能斯特（Nernst）用热力学公式导出的著名的能斯特方程。方程给出了电池反应的电动势与参与反应的物质浓度之间的关系。能斯特方程与范特霍夫方程具有明显的对称性特点，即电动势与吉布斯自由能的对称。从而可以更深刻地认识到能量守恒的本质起源于自然界的对称性。

能斯特方程中 $E^0$ 是标准电池电动势，即各个反应物质的活度为 1 时电池的电动势，与标准吉布斯自由能 $\Delta G^0$ 对应。能斯特方程使得利用化学热力学的力学量从理论上计算电池电动势以及从实验上测量电动势成为可能。结合电动势和电极电位的定义考察能斯特方程，不难发现，如果电池的一个电极是标准氢电极，那么由能斯特方程可知电动势 $E$ 是该电池的另一个电极的电极电位，$E^0$ 是这个电极的标准电极电位。能斯特方程是电极电位测量的基础。此外，由能斯特方程及上述的热力学关系，利用电动势的测量来得到化学反应的热力学量要比由热力学量计算电动势更为普遍。比如：

**（1）计算平衡常数**

化学反应处于平衡态时，$\Delta G = 0$，即 $E = 0$，一个化学反应如果能够安排成可逆电池，则它的平衡常数和 $\Delta G^0$ 可通过测量电动势来计算。

**（2）计算焓变和熵变**

通过测量不同温度下的电动势可计算可逆电池中化学反应的 $\Delta H$、$\Delta S$ 等。电化学是求热力学性质的精度最高的方法。

**（3）电动势与化学分析**

$E^0$ 已知时，通过测量电池电动势 $E$ 可求出参与反应物质的活度，这是电化学分析法中电位法和电位滴定的基础。如参与反应的物质的浓度已知，则可求出活度系数，电池电动势法是测电解质平均活度系数的重要方法。

## 2.5　电池动力学

前述的电极电势、电池电动势、能斯特方程等都属于电池热力学的研究领域。热力学告诉我们反应发生的可能性、反应涉及的极限能量、可逆反应最终所达到的状态等。但热力学不能解决反应的机理、步骤、反应速率以及能量耗散等问题。例如，金属锂在空气中氧化，由热力学知道反应的 $\Delta G < 0$，反应可以一直进行下去直到所有的锂全部生成氧化锂。实际情况是锂没有和氧反应，锂先和氮反应生成薄而致密的氮化锂阻挡了锂和空气的接触，反应无法继续进行。这个例子提出了两个需要回答的问题。空气中有氧也有氮，两种元素都能与锂反应，为什么首先形成氮化锂？其次是锂表面形成的氮化锂薄膜为什么能阻挡空气？与锂同族的金属钠在空气中全部生成氧化钠。热力学不能解释这些现象。再以电池为例，当电池放电电流较大时，离子的运动（扩散）速率跟不上，则电池电压迅速下降。如何提高电池放电能力的问题都不能用热力学方法解决，这类问题要由电池反应动力学理论和经验解决。在电池制造和应用中遇到的问题基本都是电池反应动力学问题。

如果从数学表达式或数学模型的形式来看，热力学量如电动势、焓、熵、自由能等都没有时间出现。可逆过程要求反应时间无限长意味着对时间的变化率趋于零，即与时间无关。而在动力学方程中，大多物理量以对时间的导数形式出现，比如诸多涉及传质、传热、电流的物理量的微分方程。

### 2.5.1　电极极化

实际电池反应不可能是理想的可逆过程，因此很多现象不能用热力学完全描述和解释。实际电池的反应都是不可逆的，我们把这种与可逆过程偏离的各种现象统称为极化。这也可以作为极化的定义。

一个电池与外界（外电路）的联系只有两个电极——正极和负极。通过正负极，可以获取电压和电流，也只能获取电压和电流。忽略掉非电相关的因素，在应用的层面这就是电池的全部。可以想象电池仅有两种状态：使用或不用，接通或断开外电路，有电流或无电流，可逆（电流无限小，时间无限长）或不可逆。这些说法是等价的。回顾电动势的定义，没有电流时测得的正负极之间的电势差叫电动势，有电流时测得的叫电压，且电压＜电动势。电压相当于有电流时的电动势，其值变小了。如果不考虑电池的欧姆阻抗（电池内阻），这样的变化是因为有电流时过程是不可逆的，可逆过程的电功最大，即电动势最大。显然电动势减少是由有电流时电极电势的改变导致的，本质是电极过程不可逆。电流导致电极电势的改变可以作为更直接更具体的电极极化的定义。电化学反应必有电流，所以极化是必然的，只是极化程度的问题。事实上，一旦电池的类型和结构确定了，电池的电性能基本就由电极的极化程度决定了。

### 2.5.2　过电势与电极极化曲线

设 $E_e^+$、$E_e^-$ 分别为正极和负极的平衡电极电势，$E^+$、$E^-$ 分别为有电流时的正极和负极的非平衡电极电势，这里我们称作极化电势。没有电流时的电极平衡电势与极化电势的电势差定义为过电势，过电势的大小是极化的度量。正极的过电势 $\eta^+=E_e^+-E^+$，负极的过电势 $\eta^-=E^--E_e^-$。电动势 $E=E_e^+-E_e^-$，有电流时电池的电压 $U=E^+-E_e^--IR$。

整理后电池的电压为：

$$U=E-\eta^++\eta^--IR \tag{2-28}$$

式中　$I$——放电电流；

　　　$R$——电池的欧姆阻抗。

此式对应于电池的放电。对于电池的充电（电解池），阳极是正极，阴极是负极，极化电势朝相反的方向变化，$IR$ 也要消耗更多的电能。充电时的电池电压为：

$$U=E+(\eta^++\eta^-)+IR \tag{2-29}$$

图 2-6 示意了电流对过电势的影响。图(a) 相当于电池放电，过电势使正极电势降

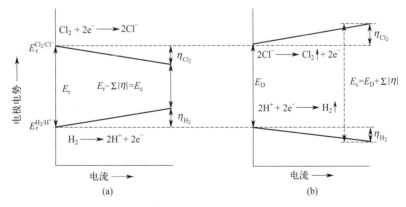

**图 2-6　基于 $Cl_2/H_2$ 反应的原电池（或燃料电池）(a) 和利用盐酸作为电解质溶液的电解池 (b) 的电势随电流变化的示意图**

低，同时使负极电势升高；图（b）相当于充电时极化电势与电流的关系，过电势使正极电势升高同时使负极电势降低。这就是极化的基本特征。当电流较小时极化也小，与可逆过程的偏离变小。特定的电池电流对极化的影响程度不同，在足够小的电流下近似认为电极是可逆的。

### 2.5.3 电流密度

设反应速率为 $v\,\mathrm{mol}/(\mathrm{m}^2 \cdot \mathrm{s})$，参与反应电子的物质的量为 $zv\,\mathrm{mol}/(\mathrm{m}^2 \cdot \mathrm{s})$，其中 $z$ 是离子价态，根据法拉第定律，反应所消耗的电量为 $zvF\,\mathrm{C}/(\mathrm{m}^2 \cdot \mathrm{s})$，$F$ 是法拉第常数，单位是 C/mol，C 是电量，单位是库仑。因为，电流（A）＝电量（C）/时间（s），所以有 $\mathrm{C}/(\mathrm{m}^2 \cdot \mathrm{s}) = \mathrm{A}/\mathrm{m}^2$，A 是电流，单位是安培。$zvF = J\,(\mathrm{A}/\mathrm{m}^2)$，$J$ 就是电流密度（通过单位截面面积的电流）。电流密度蕴含了电极反应是在电极表面进行的事实，反应的总量与电极的表面积成正比。法拉第定律表述了反应物质的总量与总电量等价，自然也表述了单位面积下的反应速率与电流密度等价。所以电化学中习惯用电流密度 $J$ 来表示反应速率。

已知电极电势起源于电极与电解质界面的双电层。所有能够引起极化的原因都可归结于对双电层的影响。极化的本质是一种时间效应。电极反应经由若干串联的步骤进行，其中速度最慢的步骤称为速率控制步骤或律速环节。这个步骤的类型就是极化的类型，可分为电化学极化和浓差极化两种基本类型。

### 2.5.4 电化学极化

在可逆情况下，电极上有一定的带电程度，建立了相应的平衡电极电势。当有电流通过电极时，若电极/溶液界面处的电极反应进行得不够快，导致电极带电程度的改变（双电层改变），使电极电势偏离平衡电势。以电极 $(\mathrm{Pt})\mathrm{H}_2(\mathrm{g}) \mid \mathrm{H}^+$ 为例，作为阴极发生还原反应时，由于 $\mathrm{H}^+$ 变成 $\mathrm{H}_2$ 的速度不够快，则有电流通过时到达阴极的电子不能被及时消耗掉，致使电极比可逆情况下带有更多的负电，液相的表面层比可逆情况带有更多的正电，从而使电极电势变得比平衡电势低，这一较低的电势能促使反应物活化，即加速 $\mathrm{H}^+$ 转化成 $\mathrm{H}_2$。当 $(\mathrm{Pt})\mathrm{H}_2(\mathrm{g}) \mid \mathrm{H}^+$ 作为阳极发生氧化反应时，由于 $\mathrm{H}_2$ 变成 $\mathrm{H}^+$ 的速度不够快，电极上因有电流通过而缺电子的程度较可逆情况时更为严重，致使电极带有更多的正电，液相表面层带有更多的负电，从而电极电势变得比平衡电势高，这一较高的电势有利于促进反应物活化，加速 $\mathrm{H}_2$ 转化成 $\mathrm{H}^+$。将此推广到所有电极，可得具有普遍意义的结论：当有电流通过时，由于电化学反应进行的迟缓性造成电极带电程度与可逆情况时不同，从而导致电极电势偏离平衡电势的现象，称为电化学极化。

#### 2.5.4.1 电荷转移的 Butler-Volmer 模型

电化学与化学热力学是同一本质。电化学动力学与化学动力学也一样。按照经典化学动力学的过渡态理论，化学反应速率与反应活化能之间的关系为：

$$v = cA\exp\left(-\frac{\Delta G}{RT}\right) \tag{2-30}$$

式中　$v$——反应速率；

　　　$c$——反应物浓度；

　　　$\Delta G$——反应活化能（生成过渡态产物或配合物的吉布斯自由能）；

　　　$A$——指前因子。

通过简单的类比过程，很容易将化学反应的过渡态理论用于电极动力学。

对于最简单的电极氧化还原反应 $O+e^- \Longrightarrow R$，根据质量作用定律，电极上的正逆反应速率为：

$$v_{正}=k_1 c_O \quad v_{逆}=k_2 c_R \tag{2-31}$$

式中　$k_1$，$k_2$——正、逆反应速率常数；

　　　$c_O$，$c_R$——某个时刻 O 和 R 的浓度。

用电流密度表示反应速率为：

$$j_{正}=Fv_{正}=Fk_1 c_O \quad j_{逆}=Fv_{逆}=Fk_2 c_R \tag{2-32}$$

应用过渡态理论公式(2-30)，则得到正、逆反应电流密度与活化自由能的关系：

$$j_{正}=Fv_{正}=Fk_1 c_O=FA_1 c_O \exp\left(-\frac{\Delta G_{正}}{RT}\right) \tag{2-33}$$

$$j_{逆}=Fv_{逆}=Fk_2 c_R=FA_2 c_R \exp\left(-\frac{\Delta G_{逆}}{RT}\right) \tag{2-34}$$

为了简化，这里引入形式电势：

$$E_e=E_0-\frac{RT}{F}\ln\frac{a_O}{a_R}=E_0-\frac{RT}{F}\ln\frac{\gamma_O}{\gamma_R}-\frac{RT}{F}\ln\frac{c_O}{c_R}=E_0^*-\frac{RT}{F}\ln\frac{c_O}{c_R} \tag{2-35}$$

$$E_e=E_0^*-\frac{RT}{F}\ln\frac{c_O}{c_R} \quad E_0^*=E_0-\frac{RT}{F}\ln\frac{\gamma_O}{\gamma_R} \tag{2-36}$$

式中　$E_e$——平衡电势（当活度比 $\frac{a_O}{a_R}=1$ 时，$E_e=E_0$；浓度比 $\frac{c_O}{c_R}=1$ 时，$E_e=E_0^*$）；

　　　$E_0^*$——形式电势，是在物质 O 和 R 的浓度比为 1 时测得的标准氢电极电势。

利用形式电势，Butler-Volmer 假设：

$$\Delta G_{正}=\Delta G_{0正}+\beta(E-E_0^*) \tag{2-37}$$

$$\Delta G_{逆}=\Delta G_{0逆}+(1-\beta)(E-E_0^*) \tag{2-38}$$

$\Delta G_{0正}$ 和 $\Delta G_{0逆}$ 都是常数，可以一并归结于未知常数 $k_1^0$ 和 $k_2^0$ 中。$\beta$ 可以认为是经验常数。则将式(2-37) 和式(2-38) 分别代入式(2-33) 和式(2-34)并整理可得：

$$j_{正}=Fk_1^0 c_O \exp\left[-\frac{\beta F(E-E_0^*)}{RT}\right] \tag{2-39}$$

$$j_{逆}=Fk_2^0 c_R \exp\left[\frac{(1-\beta)(E-E_0^*)}{RT}\right] \tag{2-40}$$

对于 $\frac{c_O}{c_R}=1$ 的电化学系统，$E-E_0^*=0$，即电极处于平衡电势 $E_0^*$，正、逆电流密度相等，有 $j_{正}=j_{逆}=j_0$，称作交换电流密度，代表了电极正逆反应的能力，其值越大，可逆性越好。此时 $\frac{k_2^0}{k_1^0}=\frac{c_O}{c_R}=1$，因此 $k_1^0=k_2^0=k$，称为标准速率常数，其物理意义与交换电流密度完全类似。有了正、逆电流密度的表达式，容易获得净电流密度 $j$ 与电势的关系式：

$$j = j_{正} - j_{逆} = Fk \left\{ c_O \exp\left[-\frac{\beta F(E-E_0^*)}{RT}\right] - c_R \exp\left[\frac{(1-\beta)(E-E_0^*)}{RT}\right] \right\} \quad (2\text{-}41)$$

这就是经典电化学动力学理论中应用最广泛的 Butler-Volmer 公式。当 $E$ 处于平衡电势 $E_e$ 时，$j=0$。由 Butler-Volmer 公式得到能斯特方程：

$$E_e = E_0^* - \frac{RT}{F} \ln \frac{c_O}{c_R} \quad (2\text{-}42)$$

该式表明了在平衡态时，动力学方程可转化为热力学方程。

### 2.5.4.2　Tafel 公式

1905 年 Tafel 在研究氢气的过电势与电流密度 $j$ 的关系时得到的经验公式可由 Butler-Volmer 公式导出。将式(2-41) 改写为：

$$
\begin{aligned}
j = j_{正} - j_{逆} &= Fk \left\{ c_O \exp\left[-\frac{\beta F(E-E_e+E_e-E_0^*)}{RT}\right] - c_R \exp\left[\frac{(1-\beta)(E-E_e+E_e-E_0^*)}{RT}\right] \right\} \\
&= Fk \left\{ c_O \exp\left[-\frac{\beta F(E_e-E_0^*)}{RT}\right] \exp\left[-\frac{\beta F(E-E_e)}{RT}\right] - \right. \\
&\quad \left. c_R \exp\left[\frac{(1-\beta)(E_e-E_0^*)}{RT}\right] \exp\left[\frac{(1-\beta)(E-E_e)}{RT}\right] \right\} \\
&= j_0 \left\{ \exp\left(-\frac{\beta F \Delta E}{RT}\right) - \exp\left[\frac{(1-\beta)\Delta E}{RT}\right] \right\} \quad (2\text{-}43)
\end{aligned}
$$

式中，$E-E_e=\Delta E$ 是过电势。

对于阴极极化，若过电势较高，由于 $\Delta E<0$，$j_{正} \gg j_{逆}$，上式的第二项可以忽略而简化为：

$$j \approx j_{正} = j_0 \exp\left(-\frac{\beta F \Delta E}{RT}\right) \quad (2\text{-}44)$$

阴极过电势为：

$$\eta_c = -\Delta E = -\frac{2.3RT}{\beta F} \lg j_0 + \frac{2.3RT}{\beta F} \lg j \quad (2\text{-}45)$$

同理，对于阳极极化的过电势，式(2-43) 的第一项可以忽略而简化为：

$$j \approx -j_{逆} = -j_0 \exp\left[\frac{(1-\beta)\Delta E}{RT}\right] \quad (2\text{-}46)$$

阳极过电势为：

$$\eta_a = \Delta E = -\frac{2.3RT}{(1-\beta)F} \lg j_0 + \frac{2.3RT}{(1-\beta)F} \lg(-j) \quad (2\text{-}47)$$

统一过电势的表达并且避免负数取对数就得到一般形式的 Tafel 公式：

$$\eta = a + b \lg |j| \quad (2\text{-}48)$$

过电势与电流密度的对数呈现出线性关系 (图 2-7)。可以看出，对于不同的电极材料，$a$ 值可以相差很大，而 $b$ 值却近似相等，大约为 0.12V (Pt、Pd 等贵金属除外)。这说明不同金属上析出氢气时产生活化过电势的原因有其内在的共同性。

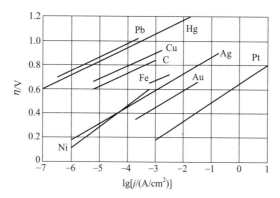

图 2-7　Tafel 实验得到的过电势与电流密度的对数的线性关系

后来的研究发现，氧等气体析出时的活化过电势与电流密度的关系也有类似于 Tafel 公式的形式。需要指出的是，当电流密度非常小时，Tafel 公式是不适用的。

### 2.5.5　浓差极化

若反应物粒子在液相（电解质）中的传质过程较慢时，电极反应得不到足够的物质，一种电荷有过剩倾向，另一种电荷有不足倾向，因而双电层变化导致电极电势偏离平衡的电极极化。这种液相传质过程限制电化学反应速率的过程叫作浓差极化。简单说就是浓度不均匀引起的极化，所以是一种间接的作用。

#### 2.5.5.1　传质的基本方式

**（1）对流传质**

某处的气体污染物随大气运动传播到全世界是一个典型的对流传质过程。对流可分为自然对流和强制对流。流体的自然对流不需要外部施加动力，而是由流体自然产生的体积力的驱动而运动。这种体积力来自流体中各部分之间存在的密度差而引起的流体各部分的重力不平衡。密度差可由温度差、浓度差所导致。强制对流主要是外部作用（如搅拌、鼓泡等）导致的流体流动。

对流传质速度一般采用单位时间内、单位截面积（垂直于流动方向）上通过的通量来表示：

$$J_{对,x}=v_x c_i \tag{2-49}$$

式中　$J_{对,x}$——$x$ 方向物质 $i$ 的通量，$mol/(cm^2 \cdot s)$；

　　　　$v_x$——$x$ 方向液体的流速，$cm/s$；

　　　　$c_i$——物质 $i$ 的浓度，$mol/L$。

强制对流条件是强化传质的有效手段。

**（2）扩散传质**

描述扩散通量的 Fick 第一定律为：

$$J_{扩,x}=-D_i \frac{dc_i}{dx} \tag{2-50}$$

式中　$D_i$——$i$ 组分的扩散系数；

$$\frac{\mathrm{d}c_i}{\mathrm{d}x}\text{——浓度梯度。}$$

严格说应当用化学势梯度代替浓度梯度。Fick 定律与热传导理论中的傅里叶定律有完全相同的数学形式。

**(3) 电迁移传质**

如果参与传质的粒子带电时，那么除了对流和扩散以外，有电场作用时还会发生电迁移传质过程。电迁移传质过程是电化学中的特性。电迁移传质流量为：

$$J_{迁,x}=\pm E_x u_i^0 c_i \tag{2-51}$$

式中　$E_x$——$x$ 方向的电场强度，V/cm；

$u_i^0$——带电粒子 $i$ 的离子淌度，$cm^2/(V \cdot s)$。

需要注意的是，除了离子会带有电荷，原子、分子或者原子簇等在电解液中由于发生电荷吸附等，也会在电场作用下发生电迁移，这个过程通常称为"电泳"。

若上述三种液相传质过程同时存在，总通量可以表示为：

$$J_x=J_{对,x}+J_{扩,x}+J_{迁,x}=v_x c_i-D_i\frac{\mathrm{d}c_i}{\mathrm{d}x}\pm E_x u_i^0 c_i \tag{2-52}$$

三种传质过程的特点简要归纳在表 2-2 中。

表 2-2　三种传质方式的对比

| 传质方式 | 电迁移 | 对流 | 扩散 |
|---|---|---|---|
| 传质动力 | 电场力 | 重力差/外力 | 化学位梯度 |
| 传输物质 | 带电粒子 | 任何微粒 | 任何微粒 |
| 传质区域 | 扩散层<br>对流层（可忽略） | 对流层<br>扩散层（可忽略） | 扩散层<br>对流层（可忽略） |
| 传质通量 | $J_x=\pm E_x u_i^0 c_i$ | $J_x=v_x c_i$ | $J_x=-D_i\dfrac{\mathrm{d}c_i}{\mathrm{d}x}$ |

图 2-8 为电极表面不同传质区域的示意图。从电极表面到 $x_1$ 处（距离为 $d$）的区域为双电层区，$d$ 就是双电层的厚度。如果溶液浓度不是很稀，这个区域的厚度很小，一般在 $10^{-7} \sim 10^{-6}$ cm 之间。这个区域主要受双电层电位的影响，传质作用较小。而在 $x_1 \sim x_2$ 区域，一般称为扩散区，其厚度主要在 $10^{-3} \sim 10^{-2}$ cm 之间，这个区域较靠近电极/电解液双电层表面，对流作用较小，主要的传质方式是扩散和电迁移。而在 $x_2$ 以外到溶液的主体处，一般认为是对流区，这个区域与电极界面较远，浓度与溶液主体接近，主要传质方式为对流和电迁移。

### 2.5.5.2　对流传质边界层

通常我们只关心液体与电极的传质。远离电极表面的液相传质主要是靠对流作用传质，而在电极表面液层中，扩散传质起主要作用。根据流体动力学理论，流体流过电极表面时，在界面处会产生一个速度梯度较大的速度边界层。为了简单起见，假设液体以恒定的速度 $u_0$ 流经电极表面，流动方向与电极表面平行。由于黏性力的作用且电极是静止的，流体在电极表面的速度为 0，因此产生了垂直电极表面的速度梯度，如图 2-9

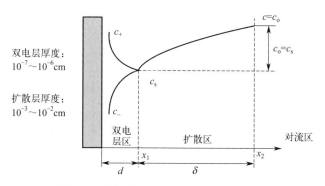

**图 2-8 电极表面不同传质区域的示意图**

所示。这个速度从 0 到 $u_0$ 的厚度为 $\delta_{速度}$ 的液体层就是速度边界层，边界层厚度（$\delta_{速度}$）与流速 $u_0$ 的关系为：

$$\delta_{速度} = \sqrt{\frac{\nu x}{u_0}} \tag{2-53}$$

式中，$\nu$ 为流体的"动力黏度"，$\nu =$ 运动黏度（$\eta$）/密度（$\rho$）；$x$ 表示液体自电极端沿电极表面流过的距离，m。

这个关系表明，速度越大边界层越薄。

实际情况下电极表面的情况比较复杂。在速度边界层中，靠近电极表面处有一个速度迅速趋近于 0 的薄层。由于流体速度很小，这个薄层内的传质以扩散为主导。这个薄层 $\delta_{扩散}$ 叫作扩散边界层，如图 2-10 所示。速度边界层与扩散边界层有如下经验关系：

$$\frac{\delta_{扩散}}{\delta_{速度}} \approx \left(\frac{D}{\nu}\right)^{1/3} \tag{2-54}$$

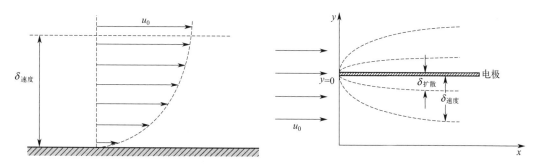

**图 2-9　实际情况下的稳态对流扩散示意图**　　**图 2-10　电极表面的速度边界层和扩散边界层**

$D$ 为组分的质量扩散系数，单位是 $m^2/s$ 或 $cm^2/s$。物质的分子扩散系数表示它的扩散能力，是物质的物理性质之一。根据菲克定律，扩散系数是沿扩散方向，在单位时间每单位浓度梯度的条件下，垂直通过单位面积所扩散某物质的质量或物质的量。扩散边界层外液体的流速比较大，反应粒子的浓度差不明显。浓差现象主要出现在扩散层的范围内。需要注意，在扩散层内部仍然存在一定的液体切向运动，传质过程也是扩散和对流两种作用的综合效果。实际过程中边界不固定，浓度也不同。对流传质的理论研究既古老又极为困难，目前基本上还是要通过实验来获得直接的结果。

### 2.5.5.3 旋转圆盘电极

旋转圆盘电极在电化学研究中应用极为广泛，也是最基本的电化学研究与分析工具之一。图2-11显示了旋转圆盘电极附近流体的运动情况。

旋转圆盘电极上圆盘中心是对流的冲击点。越接近边缘，距离$x$（与圆盘中心的距离）值越大，扩散层越厚，其关系可用下式表达：

$$\delta_{扩散} \propto x^{1/2} \tag{2-55}$$

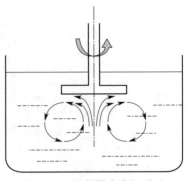

**图2-11 旋转圆盘电极附近流体的运动情况**

如图2-11所示，旋转离心力引起的溶液切向速率$u_0$，越接近边缘越大，扩散层厚度越薄［见式(2-56)］：

$$\delta_{扩散} \propto u_0^{-1/2} \tag{2-56}$$

上述两点显示旋转圆盘电极对扩散层的作用有两种相反的影响，并且两者的影响恰好比例相同。当转速为$n_0$（r/s）时，圆盘上各点的切向速率可以表示为：

$$u_0 = 2\pi n_0 x \tag{2-57}$$

利用上述关系通过圆盘电极实验得到扩散层厚度的经验表达：

$$\delta_{扩散} = 1.62D^{1/3}\nu^{1/6}\omega^{-1/2} \tag{2-58}$$

式中 $\omega$——角速度，$\omega = 2\pi n_0$。

圆盘电极上各点的扩散层厚度与$x$无关。$i$粒子在旋转圆盘电极上的扩散电流密度为：

$$j_i = nFD_i\frac{c_{i,0} - c_{i,s}}{\delta} = 0.62nFD_i^{\frac{2}{3}}\nu^{-\frac{1}{6}}\omega^{\frac{1}{2}}(c_{i,0} - c_{i,s}) \tag{2-59}$$

同样，达到"完全浓差极化"时的$i$粒子极限扩散电流密度可以表示为：

$$j_d = 0.62nFD_i^{\frac{2}{3}}\nu^{-\frac{1}{6}}\omega^{\frac{1}{2}}c_{i,0} \tag{2-60}$$

由于独特的结构设计，旋转圆盘电极在电化学中有很多独特的作用：

① 可以通过控制转速来控制电化学反应过程的速率。

② 可以利用旋转圆盘电极来计算电化学参数，如扩散系数、反应的电荷转移数等。

③ 通过控制转速，可以获得不同控制步骤的电化学反应过程，用于研究无扩散影响下的电化学反应规律。

④ 通过控制转速，可模拟不同扩散层厚度的电化学反应过程。

⑤ 结合旋转圆环电极，旋转圆盘电极可用于电化学中间产物的检测和电化学反应历程的分析。

### 2.5.5.4 电迁移的影响

前面的讨论中为了简便处理，均假设溶液中存在足够的惰性电解质，因此在电极表面附近的液面只存在扩散与对流传质。事实上，电迁移传质过程对电化学反应也有重要影响。这部分我们简单讨论电迁移对反应速率的影响。定性地说，对于正离子发生的还原反应或者负离子发生的氧化反应，电迁移作用会促进传质过程，反应电流增大；而对于正离子发生氧化反应或负离子发生还原反应，则电迁移作用会降低扩散速率并降低电流密度。电迁移与扩散的联合作用使得问题更为复杂，通常只能通过实验研究来获得相应的结果。另外，在实际的电池中，加入足够量的惰性电解质，可以消除电迁移对传质过程的影响。这对生产实践和研究工作都极为重要。

### 2.5.5.5 浓差极化控制的电极极化

把液相传质过程为控制步骤的电化学反应过程称为浓差极化。研究这个过程的电化学规律，可以方便地用液相传质过程的动力学规律来代替整个过程的规律。

假设电化学反应 $O + ne^- \longrightarrow R$ 在一盛有大量溶液的容器中进行，同时，溶液中存在大量的惰性电解质，反应为扩散步骤控制的阴极过程。根据以上假设，整个过程中唯一的控制步骤是传质过程，故电子转移过程处于"准平衡态"。此时，只要知道电极/电解液表面的反应粒子浓度（$c_s$），就可以用能斯特方程来计算电极电势。液相传质过程为控制步骤时有：

$$E = E^0 + \frac{RT}{nF} \ln \frac{\gamma_O c_{O,s}}{\gamma_R c_{R,s}} \tag{2-61}$$

通电前的平衡电势为：

$$E_e = E^0 + \frac{RT}{nF} \ln \frac{\gamma_O c_{O,0}}{\gamma_R c_{R,0}} \tag{2-62}$$

利用式（2-58）和式（2-59），可获得浓度与电流密度和极限电流密度的关系：

$$c_{i,s} = c_{i,0} \left(1 - \frac{j}{j_d}\right) \tag{2-63}$$

将上式代入式（2-61）后可获得相应的浓差极化电化学规律。分两种情况来讨论。

反应产物生成独立相，即产物为气体/固体，在这种情况下，产物的活度等于1，即：

$$\gamma_R \gamma c_{R,s} = \gamma_R c_{R,0} = 1 \tag{2-64}$$

此时，

$$E = E^0 + \frac{RT}{nF} \ln \gamma_O c_{O,0} \left(1 - \frac{j}{j_d}\right)$$
$$= E_c + \frac{RT}{nF} \ln \frac{j_d - j}{j_d} \tag{2-65}$$

将式（2-65）作图，可得到如图 2-12（a）所示的曲线。可以发现，在这种情况下，具有一个与电极电位无关的电流密度，这就是极限扩散电流密度。这是浓差极化的一个重要特征。将 $E$ 与 $\ln \frac{j_d - j}{j_d}$ 作图，可以得到图 2-12（b）所示的直线关系，斜率为 $\frac{RT}{nF}$，同时可以通过斜率获得反应的电子转移数。

同时，$E$ 与 $E_e$ 的差值就是反应的过电位，由式（2-65）可以得到：

$$\eta = E - E_e = \frac{RT}{nF} \ln \frac{j_d - j}{j_d} \tag{2-66}$$

即：

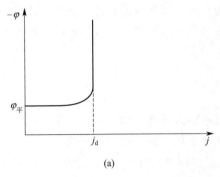 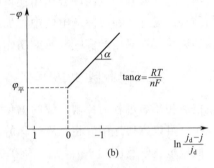

图 2-12　反应产物生成独立相时的电化学反应规律

$$1-\frac{j}{j_{d}}=e^{nF\eta/(RT)} \tag{2-67}$$

当 $nF\eta/(RT)$ 比较小时，可根据麦克劳林公式 $e^{x}=1+x(x\to0)$ 展开，可以得到：

$$1-\frac{j}{j_{d}}=1+nF\eta/(RT) \tag{2-68}$$

对式(2-66)作图，可以得到图 2-13。从中可以发现，过电位 $\eta$ 与 $\ln\left(1-\dfrac{j}{j_{d}}\right)$ 是线性关系，具有：

$$\eta=\frac{-RT}{nFj_{d}}\times j \tag{2-69}$$

在这种情况下，由于过电位和电流为线性关系，可以把 $R_{c}=\dfrac{-RT}{nFj_{d}}$ 看成反应的电阻。由于过程主要由传质过程控制，$R_{c}$ 也称为传质电阻。

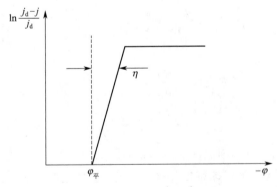

图 2-13　电位 $\varphi$ 与 $\ln\dfrac{j_{d}-j}{j_{d}}$ 关系图

由于电化学反应的特殊性，很多反应过程，如电镀、电解生成气体的反应都为反应单独成相的过程，可以方便地用上述规律对具体过程进行分析。

当反应产物可溶时，$\gamma_{R}c_{R,s}\neq1$。对于 $\varphi=\varphi^{0}+\dfrac{RT}{nF}\ln\dfrac{\gamma_{O}c_{O,s}}{\gamma_{R}c_{R,s}}$，需要知道电极表面的产物浓度 $c_{R,s}$，才可获得电流-电位关系。这种情况下，可以通过产物 R 的浓度变化来

计算电极表面反应物的浓度 $c_s$。产物 R 的生成速率可以表示为 $v = j/(nF)$，同时，产物 R 离开电极的扩散速率为：

$$v = D_R \left( \frac{\partial c_R}{\partial x_R} \right)_{x=0} \tag{2-70}$$

稳态过程（浓度不随时间变化）产物 R 的浓度恒定，产物生成速率与产物通过传质离开的速率相等时，可以得到：

$$\frac{j}{nF} = D_R \left( \frac{C_{R,s} - C_{R,0}}{\delta_R} \right) \tag{2-71}$$

在稳态扩散下，可以得到：

$$c_{R,s} = c_{R,0} + \frac{j\delta_R}{nFD_R} \tag{2-72}$$

而在反应前，产物的浓度为 0，所以有：

$$c_{R,s} = \frac{j\delta_R}{nFD_R} \tag{2-73}$$

而 $j_d = nFD_i \dfrac{c_{i,0}}{\delta_O}$，可以得到：

$$c_{O,0} = \frac{j_d \delta_O}{nFD_O} \tag{2-74}$$

同时，$c_{O,s} = c_{O,0} \left( 1 - \dfrac{j}{j_d} \right)$。

可以把 $c_{R,s} = \dfrac{j\delta_R}{nFD_R}$、$c_{O,s} = c_{O,0} \left( 1 - \dfrac{j}{j_d} \right)$ 代入 $E = E^0 + \delta_O D_R \ln \dfrac{\gamma_O c_{O,s}}{\gamma_R c_{R,s}}$，得到：

$$E = E^0 + \frac{RT}{nF} \ln \frac{\gamma_O \delta_O D_R}{\gamma_R j \delta_R D_O} + \frac{RT}{nF} \ln \left( \frac{j_d}{j} - 1 \right) \tag{2-75}$$

当 $j = j_d/2$ 的时候，上式最后一项为 0。这个电位称为电化学反应的半波电位（半波电位是极谱分析中，待测物质所产生的电解电流为扩散电流一半时所对应的滴汞电极的电位，用 $E_{1/2}$ 表示。在一定实验条件下只与离子本性有关，与浓度无关，是离子的特性常数，可作为定性分析的依据）。

令 $E_{1/2} = E^0 + \dfrac{RT}{nF} \ln \dfrac{\gamma_O \delta_O D_R}{\gamma_R j \delta_R D_O}$，可以得到：

$$E = E_{1/2} + \frac{RT}{nF} \ln \left( \frac{j_d}{j} - 1 \right) \tag{2-76}$$

图 2-14（a）为根据上式作的电流密度-电位曲线图，可以发现，同样有一个和电位无关的极限扩散电流密度存在。图 2-14（b）为以 $\ln \left( \dfrac{j_d}{j} - 1 \right)$ 对 $\varphi$ 作图，其截距为 $\varphi_{1/2}$，根据斜率同样可以方便地得到反应的电子转移数 $n$。

液相传质控制的浓差极化可简要归纳为：

① 在一定的电位范围内出现一个不受电极电位变化影响的电流密度，也就是存在极限扩散电流密度 $j_d$；

② 提高搅拌强度可以增大极限扩散电流密度；

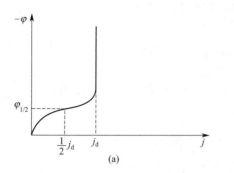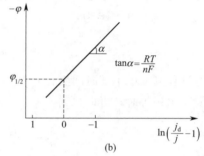

图 2-14　反应产物可溶时的电化学反应规律

③ 提高溶液主体浓度可以提高反应的电流密度；

④ 反应电流与电极真实表面积无关，与表观面积密切相关。

# 2.6　锂离子电池

从工作原理来看，锂离子电池是最简单的可充电电池。图 2-15 中的正极晶体结构是层状钴酸锂（$LiCoO_2$）材料。类似的镍酸锂、三元镍钴锰酸锂（NCM）都是层状结构正极材料。此外还有尖晶石结构的锰酸锂和橄榄石结构的磷酸铁锂正极材料。无论什么正极材料，电池的结构和工作原理都是一样的。下面以磷酸铁锂（LFP）电池为例进一步说明。充电前（电池实体刚刚生产出来的状态或完全放电的状态）电池的结构式为：

$$（-）Cu｜C（石墨）｜LiFePO_4｜Al（+）\qquad(2\text{-}77)$$

充电后电池的结构式为：

$$（-）Cu｜LiC_6（石墨）｜FePO_4｜Al（+）\qquad(2\text{-}78)$$

充电时反应：

负极反应：$\qquad\qquad 6C+Li^++e^-\!=\!=\!=LiC_6$

正极反应：$\qquad\qquad LiFePO_4\!=\!=\!=Li^++e^-+FePO_4$

总反应：$\qquad\qquad 6C+LiFePO_4\!=\!=\!=LiC_6+FePO_4$

放电时反应反向进行。图 2-15 显示了充放电过程。

## 2.6.1　电池的电动势

当电池处于式(2-77) 的状态，石墨电极与磷酸铁锂电极的电势很接近，电池的电动势几乎为 0。实际的电极电势研究过程中更多采用金属锂作为参比电极，因为金属锂是纯固体，活度恒为 1。正极和负极分别与锂构成的电池就是锂离子电池行业常说的相对锂的半电池，与锂电极的电势差即相对锂的电极电势。实测的磷酸铁锂电极电势如图 2-16 所示。表示充、放电电势变化的两条线没有重合说明存在能量耗散，过程是不可逆的。但这种差别很小，说明不可逆程度轻微。这种良好的可逆程度保证了磷酸铁锂电池良好的使用性能。根据充放电时极化过电势的改变趋势，显然平衡电势应处于充电曲线和放电曲线之间，约为 3.45V。由图 2-16 可见，三元正极材料相对锂的电势随充放

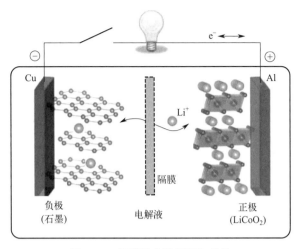

**图 2-15　锂离子电池原理与结构**

电容量的变化明显，即不同的荷电状态有不同的平衡电势。充放电曲线对称性较好，说明其可逆性较好。对这类电极电势随容量变化较大的电极，取平均电势作为平衡电势，约为 3.75V。至于为什么磷酸铁锂的电极电势在约 90% 的容量区间几乎不变的机理目前还不是十分清楚。

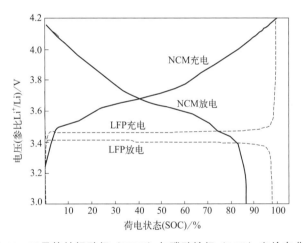

**图 2-16　三元镍钴锰酸锂（NCM）与磷酸铁锂（LFP）充放电曲线**

图 2-17 是负极材料石墨相对锂的电极电势。类似于磷酸铁锂，电势随充放电容量变化不大，曲线对称性良好，平均电势约为 0.2V。

根据实验测定的电极电势直接计算磷酸铁锂正极与石墨负极的电势差约为 $3.45-0.20=3.25$（V）。可以认为这就是电动势。从表 2-1 中可查到 $Li/Li^+$ 的氢标电极电势为 $-3.04V$。由此可计算磷酸铁锂的氢标电极电势为 $3.45-(-3.04)=6.49$（V）；石墨的氢标电极电势为 $0.20-(-3.04)=3.24$（V）。利用氢标电极电势计算电动势为 $6.49-3.24=3.25$（V）。这说明电动势是相对的，相对同样的参比电极，其值不变。同理，三元镍钴锰酸锂正极与石墨负极构成的电池电动势约为 $3.75-0.20=3.55$（V）。

原则上可以利用 $\Delta G$ 与能斯特方程来计算电动势 $E$。锂离子只带有一个电荷，所以

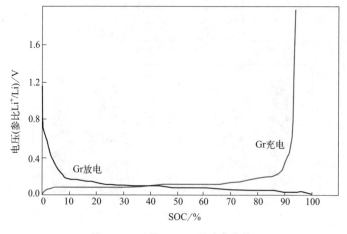

图 2-17　石墨（Gr）充放电曲线

式（2-20）中的 $n=1$，于是有 $FE=-\Delta G$。但实际电池中离子的活度确定较为困难且也是由电化学实验测定电极电势来计算的，因此多数情况电池电动势还是要由实验测定。

## 2.6.2　电池基本电性能及参数

### （1）电池容量

表示电池能存储的最大电量 $Q$，单位是库仑（C）。

$$Q=电流(I)\times 时间(t)$$

$1C=1As$。电池容量常以 mAh（毫安时）为单位，$1mAh=3.6C$。

### （2）能量（电能）

能够体现电池做功能力的，是电能，而不是电量。

$$电能=电功率\times 时间=电压\times 电量$$

电能的 SI 单位是 Wh（瓦时）。由于电池容量有限，放电过程电压连续下降，可用平均电压或中值电压进行计算。显然用平均电压计算能量更为精确。

### （3）材料比容量

材料的理论容量（Ah/kg）可基于法拉第定律（见第 2.1.2 小节）进行计算。

以磷酸铁锂为例：1mol $LiFePO_4$ 含有 1mol Li。每摩尔 $Li^+$ 所带电量与每摩尔元电荷所带电量相等，即等于法拉第常数，$F=96500C/mol=26.8Ah/mol$。$LiFePO_4$ 的摩尔质量为 157.8g/mol。所以单位质量 $LiFePO_4$ 的电容量 $=(26.8Ah/mol)/(0.1578kg/mol)=169.8Ah/kg$。

### （4）首次效率

$$首次效率=第一次放电容量/第一次充电容量\times 100\%$$

### （5）能量密度与功率密度

包括质量能量密度（Wh/kg）、体积能量密度（Wh/L）；质量功率密度（W/kg）、体积功率密度（W/L）。

**(6) 内阻**

对于信号输入, 要想测量纯欧姆电阻就要用交流阻抗法。对锂离子电池规定, 输入 1000Hz 的交流信号所得到的复阻抗的实部作为电池的内阻。电解质可以看作是欧姆电阻。内阻是非常重要的电池性能指标。电池能量的发挥、发热、寿命、一致性、安全性等都与内阻有直接关系。影响内阻的因素很多: 内在的有电极材料 (包括粒度和比表面积等)、隔膜、电解质、导电剂、黏结剂、添加剂、集流体等; 外部有温度、水分、杂质等。制造工艺与过程质量控制的几乎所有环节都对内阻有不可忽视的影响。

**(7) 倍率性能**

指充电时接受电流的能力, 比如对于电动汽车常常说的快充; 放电时输出电流的能力, 比如电动汽车爬坡加速的能力。倍率性能习惯用 $C$ 的倍数表示。$C$ 定义是: 用 1h 的时间, 以恒电流将充满电的电池电量全部放完, 电池所需的电流值。对于某一特定电池, $C$ 在数值上等于其额定容量的值。

$$电池的充放电倍率 = \frac{充放电电流数值}{电池额定电量数值}$$

例如, 额定容量为 100Ah 的电池, 用 20A 电流放电时, 其放电倍率为 0.2$C$ (20/100)。

图 2-18 给出了室温下各种倍率放电时的电池电压的变化。放电电流越大, 电池电压降幅越大, 电极电势远离平衡。当达到 45$C$ 时, 几乎放不出电了。这正是前面描述的电极极化现象。不过实际电池大倍率的情况更复杂。有限的容量, 较短的反应时间, 反应物和产物的浓度迅速变化, 无论电化学极化还是浓差极化都来不及达到稳态过程就结束了。

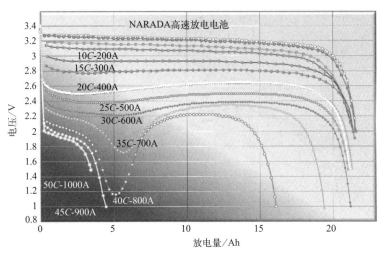

**图 2-18　放电倍率 (电流) 对电池电压的影响**

充电倍率的情况见图 2-19。充电电流越大, 电压升得越高。达到 10$C$ 时就已经不能充电了, 这表明充电极化要比放电极化更大, 符合热力学理论对不可逆过程的归纳: 对外做功最小, 回到初态需要从外界获得的功最大。充放电过程的极化过电势与图 2-6 的描述完全一致。图 2-19 还显示出提高温度有利于减少极化, 结果过电势减小。这是因为温度升高, 电极中的扩散速率提高, 电解质电导率提高, 化学反应速率提高, 综合作用缓解了极化。

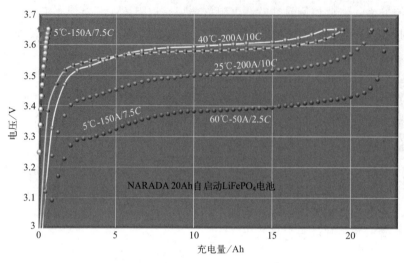

**图 2-19 充电倍率（电流）和温度对电池电压的影响**

**（8）温度性能**

低温下离子的活动能力严重衰减，不论是按照热力学的能斯特方程［式(2-27)］，还是动力学的 Butler-Volmer 方程［式(2-41)］，低温下电池的热力学特性和动力学特性都会变差，充放电都会变得困难。图 2-20 为低温下不同倍率放电的电压变化。放电开始，电压急剧下降，然后电压回升到一个最高点后再下降。电压回升的原因可能是电流导致的电池温升缓解了极化。如果电解质不变，低温性能取决于电极材料，特别是负极。钛酸锂负极的低温性能要比石墨负极好很多。

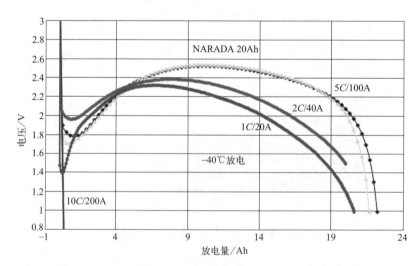

**图 2-20 低温下不同倍率（电流）放电的电压变化**

温度较高时，虽然电池性能有所提高，但长期处于较高温度（＞45℃），循环寿命大幅度缩短。特别是锰酸锂，由于 John-Taler 效应，因歧化反应使结构发生改变，性能快速衰减。

**(9) 循环寿命**

完成一次完全充电和放电即完成了一次循环。电池容量衰减到初始容量的80%，则认为电池报废。这个主观的习惯是基于归纳了各种电池循环寿命后发现一旦容量衰减到80%就会迅速衰减到无法使用的程度。因此要略提前更换避免风险。对于磷酸铁锂电池，经验表明快速衰减的点可以延续到60%，因此出现了梯次利用的商业模式。如衰减到80%的电动汽车动力电池可继续用于某些对能量密度要求不高的场合。

 **思考题**

1. 请依个人理解论述化学反应的本质。
2. 最基本的电化学装置至少应有哪些基本部件。
3. 举一个氧化还原反应的例子并构造电化学装置。
4. 试判断温度对离子电导率有何影响。
5. 电动势的起因是什么？
6. 可逆电池的反应特点是什么？
7. 什么是极化？极化的类型有哪些？
8. 电化学极化的起因是什么？
9. 浓差极化怎么消除？
10. 内阻为什么要用交流阻抗法测量？
11. 计算 $LiC_6$ 的理论容量。

**参考文献**

[1] 卡尔·H哈曼，安德鲁·哈姆内特，沃尔夫·菲尔施蒂希. 电化学：原著第二版 [M]. 陈艳霞，夏兴华，蔡俊，译. 北京：化学工业出版社，2022.
[2] 高鹏，朱永明，于元春. 电化学基础教程 [M]. 北京：化学工业出版社，2019.
[3] 翟玉春. 冶金电化学 [M]. 北京：冶金工业出版社，2020.
[4] 阿伦·J. 巴德，拉里·R. 福克纳. 电化学方法原理和应用 [M]. 2版. 邵元华，朱果逸，董献堆，等译. 北京：化学工业出版社，2018.
[5] 郑俊生. 简明电化学 [M]. 北京：化学工业出版社，2022.

# 第3章

# 锂电池材料

锂电池主要由正极材料、负极材料、电解液、隔膜、外壳和正负极基材等构成。本章根据材料是否参与锂电池化学反应，将组成材料分为电化学功能材料和其他组成材料两大类。电化学功能材料介绍了直接参与反应的正极材料、负极材料、电解液；其他组成材料介绍了不参与反应的隔膜、外壳、正负极基材。

## 3.1 电化学功能材料

### 3.1.1 正极材料

正极材料作为锂电池的重要组成之一，成本占 30%～40%，是锂电池最核心和成本最高的部分，在锂电池中提供电化学反应所需的锂离子。正极材料的性能应满足的要求如表 3-1 所示。

表 3-1　正极材料性能需求

| 序号 | 对正极材料要求 | 对应锂电池性能 |
| --- | --- | --- |
| 1 | 较高的脱/嵌锂电位 | 工作电压高 |
| 2 | 脱/嵌锂过程中充放电平台稳定 | 工作电压稳定 |
| 3 | 脱/嵌锂过程中材料结构稳定 | 循环寿命长 |
| 4 | 较小的电化学当量 | 比容量高 |
| 5 | 高的锂离子扩散系数 | 倍率性能好 |
| 6 | 材料与电解液呈电化学惰性 | 安全性好 |
| 7 | 选取绿色环保、成本低的原料 | 绿色环保、低成本 |

锂电池正极材料主要有三类：层状过渡金属氧化物正极材料（$LiMO_2$，M 一般指过渡金属元素 Ni、Co、Mn 等中的一种或几种）、尖晶石型正极材料（$LiMn_2O_4$、$LiNi_{0.5}Mn_{1.5}O_4$ 等）、聚阴离子型正极材料［$LiFePO_4$、$Li_3V_2(PO_4)_3$ 等］。常见正极材料及其性能如表 3-2 所示。

表 3-2　常见正极材料及其性能

| 晶型 | 化学式 | 比容量<br>(理论值/典型值)/(mAh/g) | 平均电压(参比 $Li^+/Li$)/V | 应用阶段 |
|---|---|---|---|---|
| 层状 | $LiCoO_2$ | 274/148 | 3.8 | 研究 |
| | $LiNi_{0.8}Co_{0.1}Mn_{0.1}O_2$ | 276/205 | 3.7 | 应用 |
| | $LiNi_{0.8}Co_{0.1}Al_{0.1}O_2$ | 279/199 | 3.7 | 应用 |
| 尖晶石 | $LiMn_2O_4$ | 148/120 | 3.8 | 应用 |
| | $LiNi_{0.5}Mn_{1.5}O_4$ | 147/125 | 4.7 | 研究 |
| 橄榄石 | $LiFePO_4$ | 170/165 | 3.4 | 应用 |
| | $Li_3V_2(PO_4)_3$ | $132(2Li^+)$/130<br>$197(3Li^+)$ | 3.8 | 研究 |

### 3.1.1.1　层状过渡金属氧化物正极材料

层状过渡金属氧化物（$LiMO_2$）属 $R\bar{3}m$ 空间群，为 $\alpha$-$NaFeO_2$ 层状岩盐结构。O 采取面心立方密堆积的方式排列于晶格的 $6c$ 位，Li 与过渡金属填充在相邻两层 O 之间的八面体空隙中，交替占据 $3a$ 与 $3b$ 位。其中 Li、M 和 O 按照层序列 O—Li—O—M—O 排列。

**（1）钴酸锂（$LiCoO_2$）**

$LiCoO_2$ 是首个实现商业化应用的锂电池正极材料，其层状结构如图 3-1 所示，$LiCoO_2$ 比容量大于 $145mAh/g$，因为 $Li^+$ 和 $Co^{3+}$ 之间的大电荷和尺寸差异，所以具有良好的阳离子排序，这对支持锂平面中的快速二维锂离子扩散和导电性至关重要。良好的结构稳定性、高电子电导率和离子电导率使其具有良好可逆性的快速充放电特性。凭借这些特性，$LiCoO_2$ 仍然是迄今为止最好的正极材料之一。随着对 $LiCoO_2$ 的深入研究，人们发现，$LiCoO_2$ 在充电过程中脱出 0.5 个 $Li^+$ 后（对应的充电电压为 4.2V），晶体结构会发生由六方相向单斜相的转变，由此造成的体积变化会导致材料颗粒粉化，从而恶化循环性能。此外，深度脱锂状态下的 $LiCoO_2$ 极不稳定，过高的充电电压会导致 Co 的溶解以及 O 的不可逆脱出，造成材料结构塌陷。

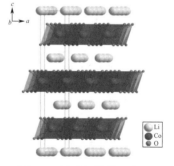

**图 3-1　钴酸锂结构示意图**

近年来，随着消费类电子产品对锂电池的能量密度要求越来越高，常规的 $LiCoO_2$ 体系由于容量限制的原因难以满足越来越高的能量密度需求。研究发现通过掺杂、包覆等方法提升 $LiCoO_2$ 工作电压是有效提高其能量密度的解决方案之一。当上限电压提升到 4.45V 后，比容量可以增加到 $180mAh/g$ 以上。

**（2）镍酸锂（$LiNiO_2$）**

$LiNiO_2$ 的理论比容量为 $274mAh/g$，实际比容量可达到 $180mAh/g$ 以上。此外，Ni 的价格较 Co 低，对环境的污染小，因此 $LiNiO_2$ 受到了广泛关注。然而，$Ni^{2+}$ 氧化为 $Ni^{3+}$ 的能量势垒较高，且 $Ni^{2+}$ 与 $Li^+$ 离子半径相近（$Ni^{2+}$：0.069nm；$Li^+$：0.076nm），

易发生 Li、Ni 混排现象（$Ni^{2+}$ 与 $Li^+$ 位置互占），所以通常合成的镍酸锂是非化学计量比的 $Li_{1-x}Ni_{1+x}O_2$。此外，脱锂较多情况下材料中会生成 $Ni^{4+}$，$Ni^{4+}$ 具有很强的氧化性，易与电解液反应生成 NiO 而沉积在材料表面，并放出大量热量与气体，从而影响材料的电化学性能并造成安全隐患。所以该材料仍未大规模商业化应用。

**（3）锰酸锂（$LiMnO_2$）**

$LiMnO_2$ 作为正极材料主要存在单斜相和正交相两种结构。其中 $LiMnO_2$ 单斜相的结构与 $LiCoO_2$ 相似，但对称度低于 $LiCoO_2$，理论比容量（285mAh/g）略高于 $LiCoO_2$ 与 $LiNiO_2$，实际比容量可达到 270mAh/g，且 Mn 的毒性低、价格低廉，因此单斜相的 $LiMnO_2$ 具有良好的应用潜力。然而，$LiMnO_2$ 中存在"姜-泰勒效应（Jahn-Teller effect）"，使其处于一种热力学非稳定状态；且在循环过程中，$LiMnO_2$ 容易向结构更加稳定的尖晶石型 $LiMn_2O_4$ 转变，导致可逆容量的大幅下降。此外，$LiMnO_2$ 合成困难，目前主要是以 $\alpha$-$NaMnO_2$ 为原料，通过离子交换法来制备 $LiMnO_2$。

**（4）三元材料（$LiNi_xCo_yMn_{1-x-y}O_2$）**

$LiCoO_2$ 具有较好的循环稳定性，但 Co 具有毒性，价格较高且实际容量较低；$LiNiO_2$ 具有较高的比容量，但其热稳定性差，容量衰减严重，存在安全隐患；$LiMnO_2$ 价格低、环境友好，但 Mn 的溶解会造成严重的容量衰减。三元材料 $LiNi_xCo_yMn_{1-x-y}O_2$ 结合了上述三者的优势，弥补了各自的不足，具有比容量高、电子与离子导电性好、结构稳定、热稳定性好等优点。

目前，三元材料 $LiNi_xCo_yMn_{1-x-y}O_2$ 已得到广泛的商业化应用。根据材料中 Ni、Co、Mn 的摩尔比（即 $x$、$y$ 值的不同），可将三元材料分为 NCM111（$LiNi_{1/3}Co_{1/3}Mn_{1/3}O_2$）、NCM523（$LiNi_{0.5}Co_{0.2}Mn_{0.3}O_2$）、NCM622（$LiNi_{0.6}Co_{0.2}Mn_{0.2}O_2$）和 NCM811（$LiNi_{0.8}Co_{0.1}Mn_{0.1}O_2$）。在三元材料中，提高 Ni 含量有利于增加比容量，Co 能抑制材料的不可逆相变并增强电子电导率，Mn 有稳定材料结构的作用。Co 元素储量小且属于战略资源，成本较高，为了提高材料比容量、降低材料成本，三元材料逐渐向高镍无钴方向发展。

**（5）富锂锰基材料**

富锂锰基正极材料 $Li_2MnO_3 \cdot LiNi_xCo_yMn_{1-x-y}O_2$ 具有较高的比容量（＞250mAh/g）、高能量密度（＞1000Wh/kg）、低成本和环境污染小等特点，被认为是下一代最具潜力的锂电池正极材料之一。

### 3.1.1.2 尖晶石型正极材料

尖晶石型正极材料主要指尖晶石型锂锰氧化物 $LiMn_2O_4$（通式为 $AB_2O_4$），与 $LiCoO_2$ 相比，其三维结构（图 3-2）的高稳定性、高电子电导率和锂离子电导率使 $Li_{1-x}Mn_2O_4$ 具有了更快的充放电特性和良好的可逆性。从 $LiCoO_2$ 到 $LiMn_2O_4$ 的另一个重要优势是成本的显著降低，因为锰的成本比 Co 低两个数量级。

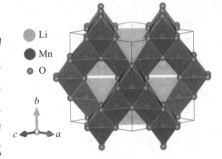

图 3-2 锰酸锂结构示意图

尖晶石型 $LiMn_2O_4$ 属 $Fd\bar{3}m$ 空间群，其中 O 以面心立方堆积的方式排列在晶体结构中，Mn 和 Li 分别占据在八面体间隙的 $16d$ 位置与四面体间隙的 $8a$ 位置上。$LiMn_2O_4$ 的理论比容量较低（148mAh/g）、循环过程中存在严重的容量衰减（尤其是在高温下）。容量的衰减主要与以下两个因素有关：①在充放电过程中，当材料中 Mn 的化合价低于 3.5 时，$LiMn_2O_4$ 的晶体结构会从立方相转变为四方相，即发生"姜-泰勒效应"，造成尖晶石晶格的体积变化以及结构坍塌；②电解液中存在痕量（$10^{-6}$ 级）$H^+$（酸性）时，$Mn^{3+}$ 的歧化反应加剧，产生可溶性的 $Mn^{2+}$，破坏 $LiMn_2O_4$ 结构，进而恶化电池的性能，可通过元素掺杂、表面包覆层抑制 $Mn^{3+}$ 歧化反应的发生。

### 3.1.1.3 聚阴离子型正极材料

聚阴离子型正极材料是含有四面体（或八面体）阴离子结构框架（$XO_m^{n-}$，X 指 P、V、Si 等元素）正极材料的统称。聚阴离子框架中 X 与 O 之间的强共价键形成稳定的三维网络结构，使其表现出良好的循环稳定性与安全性能。但是，聚阴离子基团的存在阻碍了 $Li^+$ 在相邻四面体（或八面体）间的传输，导致聚阴离子型正极材料室温下 $Li^+$ 的扩散系数较低（$<10^{-14} cm^2/s$）。常见的聚阴离子型正极材料有磷酸盐、硅酸盐和硫酸盐，目前相关的研究主要集中在 $LiFePO_4$、$Li_3V_2(PO_4)_3$ 等。主要通过表面包覆、高价阳离子掺杂以及颗粒纳米化等方法改善材料的离子电导率和电子电导率。

1997 年，Goodenough 等提出具有橄榄石结构的 $LiFePO_4$（图 3-3）能够作为锂电池正极材料。$LiFePO_4$ 属于正交晶系，$Pnmb$ 空间群。晶格中 O 以三方密堆积的方式排列，$Li^+$ 和 $Fe^{2+}$ 通过配位的方式与 $O^{2-}$ 形成不同的八面体构型，与 $PO_4$ 四面体共边连接形成三维网状结构，理论密度为 $3.6g/cm^3$。由于 $LiFePO_4$ 的电子电导率较低（$<10^{-9}S/cm$），因此实际应用中常采用碳包覆的改性手段来提升颗粒间的电接触，提高动力学性能。$LiFePO_4$ 正极材料循环稳定性好，价格便宜且对环境污染小，目前已广泛应用于动力汽车及储能领域中。

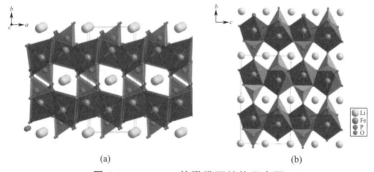

$$(a) \qquad\qquad (b)$$

**图 3-3 $LiFePO_4$ 的橄榄石结构示意图**

$Li_3V_2(PO_4)_3$ 具有良好的循环稳定性以及热稳定性，工作电压高，安全性能好，已实现小规模商业化应用。$Li_3V_2(PO_4)_3$ 根据晶体类型可分为菱方晶型以及单斜晶型，二者均由 $PO_4$ 四面体与 $VO_6$ 八面体通过共用一个氧原子顶点所形成的三维网状结构组成。值得一提的是，单斜型 $Li_3V_2(PO_4)_3$ 的网状结构致密程度更高，具有更好的热稳定性。

### 3.1.2 负极材料

负极材料是电池在充电过程中锂离子和电子的载体，起着能量的储存与释放的作用。在电池成本中，负极材料占 5%～15%，是锂电池的重要原材料之一。负极材料的性质关系到电池的性能，因此负极材料应符合表 3-3 要求。

表 3-3  负极材料性能需求

| 序号 | 对负极材料要求 | 对应锂电池性能 |
|---|---|---|
| 1 | 较低的脱/嵌锂电位 | 工作电压高 |
| 2 | 储锂能力强 | 电池容量高 |
| 3 | 脱/嵌锂过程中材料结构稳定 | 循环寿命长 |
| 4 | 脱/嵌锂过程中充放电平台稳定 | 工作电压稳定 |
| 5 | 高离子/电子电导率 | 倍率性能好 |
| 6 | 负极表面形成稳定的 SEI 膜 | 循环寿命长 |
| 7 | 价格低、对环境无污染 | 绿色环保、低成本 |

现阶段常见负极材料分类如图 3-4 所示。目前实现商业化的负极材料主要有三种，分别是碳负极材料、钛酸锂（$Li_4Ti_5O_{12}$）和硅-碳负极。碳负极材料主要包括天然石墨、人造石墨、中间相炭微球（MCMB），其中市场占有率最高的为人造石墨。2017～2021 年出货量从 10.0 万吨增至 60.5 万吨，2019～2021 年期间占比从 2019 年的78.5% 增长到 2020 年的 83.6% 再到 2021 年的 84.0%。$Li_4Ti_5O_{12}$、硅-碳（Si-C）负极市场占有率均较低。常规石墨负极材料的倍率性能已经难以满足锂电池下游产品的需求，亟待开发出高容量、高导电性的负极材料。

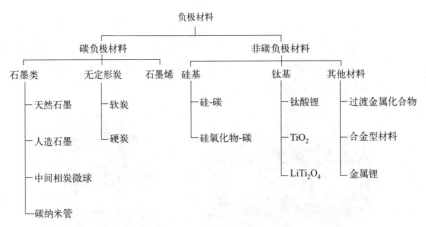

图 3-4  负极材料分类

部分负极材料及其特性见表 3-4，下面对部分材料进行了介绍。

表 3-4  部分负极材料及其特性

| 负极材料 | 理论比容量/（mAh/g） | 嵌锂电位（参比 $Li^+/Li$）/V | 脱锂电位（参比 $Li^+/Li$）/V | $Li^+$扩散系数/（cm²/s） | 首次效率 | 体积变化率 |
|---|---|---|---|---|---|---|
| 石墨 | 372 | 0.07<br>0.10<br>0.19 | 0.10<br>0.14<br>0.23 | $10^{-11}$～$10^{-9}$ | 天然石墨90%<br>人造石墨93%<br>中间相炭微球94% | 10%～16% |

| 负极材料 | 理论比容量/<br>(mAh/g) | 嵌锂电位<br>(参比 $Li^+/Li$)/V | 脱锂电位<br>(参比 $Li^+/Li$)/V | $Li^+$扩散系数<br>/($cm^2/s$) | 首次效率 | 体积变化率 |
|---|---|---|---|---|---|---|
| 钛酸锂 | 176 | 1.55 | 1.58 | $10^{-9}\sim10^{-7}$ | 99% | 0.2% |
| 硅 | 4200 | 0.05<br>0.21 | 0.31<br>0.47 | $10^{-13}\sim10^{-11}$ | 50%~60% | 320% |
| 锗 | 1600 | 0.20<br>0.30<br>0.50 | 0.50<br>0.62 | $10^{-12}\sim10^{-10}$ | 50%~60% | 250% |
| 锡 | 991 | 0.40<br>0.57<br>0.69 | 0.58<br>0.70<br>0.78 | $10^{-16}\sim10^{-13}$ | 60% | 255% |

### 3.1.2.1 石墨类

石墨是一种层状结构材料（图3-5），每层中碳原子以 $sp^2$ 杂化方式形成六边形构架并向二维方向延伸。同一层面上的碳原子形成牢固的六角形网格状结构，碳-碳原子间距为0.142nm，碳原子间具有极强的键能（345kJ/mol），而平面之间碳原子则以较弱的范德华力结合（键能为16.7kJ/mol），晶面间距 $d_{002}$ 为0.3354nm。石墨主要通过 $Li^+$ 可逆插入和脱出石墨六原子碳层间，形成 $Li_xC_6$ 结构

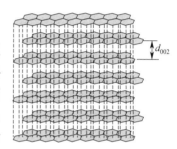

**图 3-5　石墨层状结构示意图**

进行储锂，充放电过程中，层间距会发生明显变化（$Li_xC_6$ 的层间距为0.37nm），其理论比容量为372mAh/g。石墨良好的导电性也有利于电子的快速传输。石墨负极的缺点主要是嵌锂/脱锂的电压平台较低[0.05V（参比 $Li^+/Li$）]，导致充放电过程中易产生锂枝晶，枝晶穿透隔膜后会导致电池内部短路，从而起火爆炸，引发安全问题。

**（1）天然石墨**

天然石墨是富碳有机物深埋后，在高温、高压等条件下经过漫长的地质演变而成，按结晶度天然石墨可分为鳞片石墨和土状石墨两类。

鳞片石墨形貌像鱼鳞，石墨化程度大于98%，宏观上表现出各向异性，作为锂电池负极材料首次库仑效率为90%～93%。在0.1C倍率时，其可逆比容量为340～370mAh/g，几乎接近理论比容量，天然石墨容易出现石墨层剥落、粉化，还会造成溶剂分子共嵌入石墨层，进而影响电池的循环性能。目前，主要采用包覆、复合等方法提高鳞片石墨的循环稳定性和可逆容量。低温会使锂离子在鳞片石墨中扩散慢，导致鳞片石墨的可逆容量低。

土状石墨又称微晶石墨，石墨化程度通常低于93%，宏观上表现出各向同性，钢灰色，有金属光泽，通常由煤变质而成，含有少量 Fe、S、P、N、Mo 和 H 等杂质，用作负极材料需提纯，而且微晶石墨存在较多缺陷，比容量一般低于300mAh/g。粒子大小对微晶石墨的可逆储锂容量有明显影响，小颗粒材料通常具有较高的比表面积，能实现快速锂离子嵌入，可逆比容量高。微晶石墨生产过程容易使颗粒破碎，在一定程度上影响材料的循环稳定性。微晶石墨较差的结晶度使其容量低于鳞片石墨，复合和包覆是常用的改性方

法。微晶石墨的容量、倍率性能均劣于鳞片石墨，相较于鳞片石墨研究较少。

**（2）人造石墨**

人造石墨主要由石油焦、沥青、针状焦和高分子纤维等经高温隔氧热处理而成。由碳材料加工而来，它是将易石墨化的软炭经 2800℃ 以上高温石墨化处理制成。此时碳材料内部二次粒子以随机方式进行排列，存在大量孔隙结构，这有利于电解液的渗透和锂离子在负极中的脱嵌迁移，因此人造石墨负极材料能提高和增加锂电池的快速充放电速率和次数。人造石墨具备长循环、高温存储、高倍率性能等天然石墨所不具备的优势，国内新能源汽车用动力锂电池所采用的负极材料目前多为人造石墨。人造石墨比容量大、价格低，动力电池和中高端消费电池大部分使用人造石墨负极材料。2021 年人造石墨出货量占总负极材料出货量的 84%。

**（3）中间相炭微球**

中间相炭微球（MCMB）是沥青类化合物受热时发生收缩形成的各向异性小球，是经 2800℃ 以上高温石墨化处理得到的。MCMB 的直径通常在 $1\sim100\mu m$ 之间，商业化 MCMB 的直径通常在 $5\sim40\mu m$ 之间，球表面光滑，因此具有较高的压实密度。MC-MB 的可逆储锂容量随着石墨化程度增加而增加，比容量一般在 $320\sim350mAh/g$ 之间。MCMB 作为锂电池负极具有如下优点：①球形颗粒极片压实密度高，且比表面积小，有利于减少副反应；②球内部碳原子层径向排列，锂离子容易嵌入脱出，大电流充放电性能好。但是，MCMB 边缘的碳原子经锂离子反复嵌入脱出容易导致碳层剥离和变形，引发容量衰减，且生产制造成本较高，容量偏低，因此未能大规模应用。

**（4）碳纳米管**

碳纳米管（CNT，见图 3-6）是一种具有较完整石墨化结构的特殊碳材料，其自身具有优良的导电性能和高的热导率。因其结构特殊，导致负极在脱嵌锂时深度小、行程短、速率快，并且在大倍率大电流充放电时极化作用较小，对提高锂电池的大倍率快速充放电性能很有帮助。然而，碳纳米管单独直接用作锂电池负极材料时，会存在锂电池不可逆容量高、首次充放电库仑效率低、充放电平台不明显及电压滞后严重等突出问题。将碳纳米管直接用作负极材料，有数据表明其首次放电比容量为 $1500\sim1700mAh/g$，然而可逆比容量仅为 $400mAh/g$。随着锂电池进一步进行充放电循环，可逆容量更低，衰减速度更快，从而限制了 CNT 的产业化。

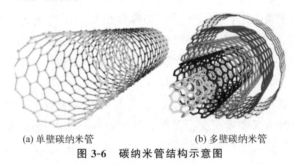

(a) 单壁碳纳米管　　　　　　　(b) 多壁碳纳米管

**图 3-6　碳纳米管结构示意图**

CNT 可与石墨类负极、硅基复合负极、钛酸锂负极、锡基负极等材料进行复合，充分利用其独特的中空结构、导电性能好、大比表面积等优点，可用其作为载体或添加剂改善原体系负极材料的电化学性能。

### 3.1.2.2 无定形炭

#### （1）软炭

软炭为易石墨化炭材料，是在高温条件（＞2800℃）下处理可以石墨化的无定形炭。晶面间距 $d_{002}$ 一般为 0.34～0.35nm，略大于石墨的 0.3354nm。软炭的结晶度（即石墨化度）低，与电解液的相容性好，锂电池的循环稳定性好，较适合大电流密度的锂电池充放电。常见的软炭有石油焦、针状焦、炭纤维、炭微球等，软炭大致有无定形、湍层无序、石墨三种结构。软炭负极材料内部具有大量的乱层结构及异质原子，其比容量一般在 250～320mAh/g，其电压滞后性大，首次充放电效率低，并且容量衰减较快，因此难以获得实际应用。虽然软炭不能作为负极材料使用，但软炭是生产人造石墨的原料，同时也是负极材料掺杂、包覆的原料。

#### （2）硬炭

硬炭是难以石墨化的炭，即高温（＞2800℃）条件下处理很难石墨化的炭，晶面间距 $d_{002}$ 一般为 0.37～0.40nm，大于石墨的 0.3354nm，间距较大有利于锂离子嵌入/脱出。通常由高分子材料在 500～1200℃ 条件下热解得到。常见的硬炭有树脂炭（酚醛树脂、环氧树脂、聚糠醇 PFA-C 等）、有机聚合物热解炭（PFA、PVC、PVDF、PAN 等）、炭黑（乙炔黑等）、生物质（葡萄糖、纤维素、柚子皮等）。硬炭材料在其制备过程中内部结构会产生大量的晶格缺陷，这导致了在嵌锂过程中，锂离子不仅嵌入碳原子层间，还会嵌入这些晶格缺陷中，因此硬炭负极具有较高的比容量（350～500mAh/g），这有利于锂电池容量的提高。但是，这些晶格缺陷也导致了硬炭的首次库仑效率低，循环稳定性能较差，平均氧化还原电压高达 1V(参比 $Li^+/Li$)，且无明显的电压平台。目前硬炭负极还没有应用到商业化的锂电池中，离实际应用还有一段距离。

### 3.1.2.3 石墨烯

石墨烯一般是用石墨层层剥离的方法制备，其结构如图 3-7 所示。石墨烯是较为前沿的碳基材料，它具有非常优异的储锂能力。因为 $Li^+$ 不仅可以储存在石墨烯片层间，还可以在石墨烯片边缘和孔穴中储存，其理论比容量高达 740～780mAh/g。但石墨烯单独作为锂电池负极材料时，其不可逆比容量较大，而且其储锂能力与其层数呈负相关。目前大量科研工作正在解决这一问题，主要方法是探索石墨烯与金属氧化物和硅等进行复配作为锂电池负极材料。未来有直接作为锂电池负极材料的可能。

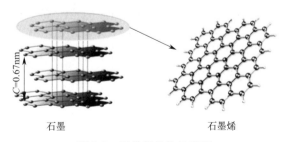

石墨　　　　　　　　石墨烯

**图 3-7　石墨烯结构示意图**

### 3.1.2.4　硅基负极材料

硅具有非常高的理论比容量和较低的嵌入/脱嵌锂电位。硅的比容量高达 $4200mAh/g$（高温形成 $Li_{22}Si_5$，$4200mAh/g$；室温形成 $Li_{15}Si_4$，$3580mAh/g$），高于金属 Li 的比容量（$3620mAh/g$）。硅的电压平台为 $0.1\sim0.4V$，与石墨的电压平台（$0.1\sim0.3V$）非常接近，而且其还有储量丰富、环境友好、成本较低等优势，被认为是极具潜力的下一代高能量密度锂电池的负极材料。

硅基材料因其独特的合金化储锂机制，Si 嵌 Li 后体积膨胀率达 320%（图 3-8），石墨仅为 10%～16%，脱嵌锂过程中反复膨胀收缩，致使负极材料粉化，进而负极材料从极片脱落导致电池失效。负极材料粉化还会导致固体电解质界面（SEI）膜的持续生长，消耗电池中的电解液和正极嵌出的锂，最终导致电池容量的迅速衰减，限制了其应用。为了抑制硅材料的体积膨胀和改善硅颗粒之间的导电性，在硅的产业化上现在主要是采用硅-碳负极材料、硅氧化物-碳负极（硅氧负极）材料。

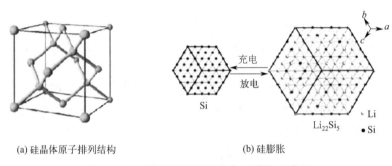

(a) 硅晶体原子排列结构　　　　　(b) 硅膨胀

**图 3-8　硅晶体原子排列结构与硅膨胀示意图**

**（1）硅-碳负极材料**

将硅单质或化合物分散在碳基体中可有效抑制嵌锂后体积膨胀，硅储锂容量较高，碳材料具有较高的电子电导率，为复合材料提供较好的电子通道；同时将碳与硅材料复合后能缓和硅材料体积形变带来的应力变化；此外，碳材料作为包覆材料能有效稳定电极材料与电解液的界面，使 SEI 膜稳定生长。因此，硅-碳复合材料有望替代石墨成为下一代高能量密度锂电池负极。

**（2）硅氧化物-碳负极（硅氧负极）材料**

硅氧化物-碳负极（$SiO_x/C$，$0\leqslant x\leqslant2$）是顺应市场需求的产物。$SiO_x$ 材料体积膨胀要远小于晶体硅材料，$SiO_x$ 膨胀率约 120%，但是其膨胀率仍远高于石墨类材料（10%～16%），因此 $SiO_x$ 材料的研制工作仍然要着重考虑体积膨胀问题，减少在循环过程中材料的颗粒破碎和粉化，提高材料的循环寿命。纳米化是 $SiO_x$ 材料常用的方法，从而提升了材料的循环和倍率性能，但该材料的首次效率仅为 63%。为改善 $SiO_x$ 首次效率对其进行了碳包覆，根据碳含量不同，$SiO_x/C$ 的比容量一般在 $500\sim1500mAh/g$。

现摘录深圳贝特瑞新材料集团股份有限公司公布的硅基负极参数于表 3-5。可知，目前 $SiO_x/C$ 的商品化比容量大致为 $400\sim650mAh/g$，为石墨负极比容量的 1.2～

2.0 倍。

表 3-5　贝特瑞新材料集团股份有限公司硅基负极参数

| 负极材料 | 型号 | $D_{50}/\mu m$ | 比表面积 /(m²/g) | 振实密度 /(g/cm³) | 首次容量 /(mAh/g) | 首次效率 /% |
|---|---|---|---|---|---|---|
| SiO$_x$/C | DXA5 | 13.0±2.0 | ≤3.0 | 0.95±0.10 | 450±5 | ≥89.0 |
| | DXA5-2A | 13.0±2.0 | ≤3.0 | 0.95±0.10 | 450±5 | ≥91.0 |
| | DXA5-LA | 13.0±2.0 | ≤3.0 | 0.95±0.10 | 450±5 | ≥93.0 |
| | DXA8-LA | 11.0±2.0 | ≤3.0 | 0.95±0.10 | 650±10 | ≥91.0 |
| Si/C | DXB5 | 16.0±2.0 | ≤3.0 | 0.90±0.10 | 450±5 | ≥93.0 |
| | DXB6 | 16.0±2.0 | ≤3.0 | 0.90±0.10 | 500±5 | ≥92.0 |
| | DXB8 | 16.0±2.0 | ≤3.0 | 0.90±0.10 | 650±10 | ≥91.5 |

### 3.1.2.5　钛基负极材料

如 $Li_4Ti_5O_{12}$、$TiO_2$ 和 $LiTi_2O_4$ 等，具有化学性质稳定、低毒、原料来源广、无污染等优点，被认为是另一种极具发展潜力的嵌入型负极材料。其中，具有尖晶石结构的 $Li_4Ti_5O_{12}$ 能够与 $Li^+$ 反应生成 $Li_7Ti_5O_{12}$，有较高的嵌锂电位 1.55V（参比 $Li^+/Li$），对应的可逆比容量为 176mAh/g，不会造成电解质的分解形成固体电解质界面（SEI）层，因此，其首次库仑效率远高于其他负极材料。同时 $Li_4Ti_5O_{12}$ 在脱嵌锂过程中的体积变化率仅有 0.2%，被认为具有"零应变"的特点，对材料结构的破坏程度非常小，使其具有非常优异的循环稳定性。

$Li_4Ti_5O_{12}$ 自 1996 年被报道后，其一直是研究热点，最早实现其产业化的报道为 2008 年东芝发布的 4.2Ah 钛酸锂负极动力电池，标称电压 2.4V，能量密度 67.2Wh/kg。$Li_4Ti_5O_{12}$ 的"零应变"特点在储锂性能上表现为超长的循环稳定性，2 万次循环后容量保持率仍高于 80%，这是传统石墨负极无法比拟的；另外，$Li_4Ti_5O_{12}$ 电压平台为 1.55V（参比 $Li^+/Li$）远高于锂枝晶的生成电压，因而安全性优于石墨负极。但是，其比容量低、比能量密度低，且充放电过程易使电解液分解导致电池气胀。

### 3.1.2.6　其他负极材料

**（1）过渡金属化合物**

过渡金属化合物（MX$_n$，M 为过渡金属，可为一种或多种；X 为 P、S、Se、Te 和 O 等非金属，可为一种或多种），理论比容量视 MX$_n$ 的种类而定，通常为 700～1000mAh/g。此类材料的理论容量稍高于当前 SiO$_x$/C 负极的商品化容量，但原料成本远低于 SiO$_x$/C；转化反应过程体积变化率较低（通常低于 250%），循环稳定性较好。以 $Fe_2O_3$ 为例，可逆转化反应式为 $Fe_2O_3+6Li \Longleftrightarrow 2Fe+3Li_2O$，$Fe_2O_3$ 的理论比容量为 1007mAh/g。主容量所在的电压区间高于 0.5V，高于形成锂枝晶的电压。总体而言，该类负极普遍存在氧化还原电位高的问题，组装成全电池后工作电压低，不能很好地与目前市场上的电子产品匹配。

**（2）合金型材料（与锂形成合金的单质）**

合金型负极通常为ⅣA、ⅤA族的Ge、Sn、Pb、P、As、Sb、Bi等，以及一些轻金属元素如Mg、Al等。放电过程中，$Li^+$进入材料的晶格形成合金，充电过程$Li^+$从合金中脱出。充放电前后体积变化在此类材料中更明显，达到250%～360%。比容量及氧化还原电位差异较大，有些材料因氧化还原电位较高而用作正极（如S的氧化还原电位为2.0～2.6V，作锂硫电池正极材料）。合金反应负极普遍具有比转化反应负极更高的比容量和更低的工作电压。

此类材料的比容量差异较大。Ge的比容量为1600mAh/g，Sn的比容量为991mAh/g，同族的Pb比容量仅为569mAh/g；P的比容量高达2596mAh/g，同族的Bi仅有384mAh/g。然而该类材料锂离子脱嵌过程中体积变化较大（图3-9），循环过程中负极容量衰减较快，均未实现商业化应用。

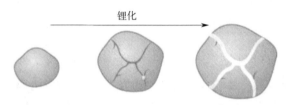

锂化

图3-9　合金嵌锂后体积增大

**（3）金属锂负极**

金属锂负极是最早研究的锂电池负极，但其过于复杂，研究进展缓慢。金属锂的理论比容量可达到3860mAh/g，与硅的理论比容量（4200mAh/g）接近，但锂的密度远低于硅的密度，理论上采用锂作为负极具有最高的整体比能量密度，如锂硫电池（2600Wh/kg）、锂空气电池（11680Wh/kg）等。但因存在锂枝晶、副反应等现象，严重影响电池的安全性，故现阶段仍未量产。金属锂异常活泼，因而金属锂负极的电池制备过程需要严格的惰性气体保护。

## 3.1.3　离子传导介质

锂电池的离子传导介质是锂电池重要组成之一，主要分为电解液和固态电解质，主要作用是在锂电池内部阴极与阳极间传输锂离子。其中电解液的技术较成熟，商业化的锂电池主要使用电解液。在锂电池中，电解液目前占成本的8%～9%。由于电解液的溶剂易燃，具有安全隐患。因此，不易燃、更安全的固态电解质的应用研究也具有重要意义。

### 3.1.3.1　电解液

电解液被称为锂电池的"血液"，对锂电池的性能影响很大，是制备高比能量、高电压锂电池的重要保证。电解液由溶剂、锂盐和添加剂三部分组成，三者决定了电解液的性能，理想的电解液需具备以下特性：

① 黏度低，离子电导率高一般应达到$1×10^{-3}～2×10^{-2}$S/cm，锂离子溶剂化和去溶剂化的活化能低，确保锂离子可以在电解液中快速传导；

② 宽电化学窗口，在较宽的电压范围内可以保持电化学性能的稳定，高电压和低电压下能在电极表面生成稳定的 CEI 和 SEI 膜，阻断电子传导，防止电解液进一步发生反应；

③ 工作温度范围宽，有低熔点和高沸点；

④ 高的热稳定性和化学稳定性，在较高的温度下不分解，与活性物质、集流体、隔膜等电池零部件不反应；

⑤ 安全、环境友好、低毒（无毒）；

⑥ 与电池其他部分例如电极材料、隔膜等具有良好的相容性。

电解液由溶剂、锂盐和添加剂三部分组成，以下分三部分介绍锂电池电解液的主要构成。

**（1）溶剂**

对于商用锂电池电解液，有机溶剂的性质很大程度上决定了电解液的性质，表 3-6 总结了电解液常用有机溶剂的物理性质。

表 3-6　锂电池电解液常用有机溶剂的物理性质

| 种类 | 结构 | 溶剂 | 熔点 $T_m$/℃ | 沸点 $T_b$/℃ | 介电常数(25℃) | 黏度(25℃)/(mPa·s) |
|---|---|---|---|---|---|---|
| 碳酸酯类 | 环状 | 碳酸乙烯酯(EC) | 36.4 | 248 | 89.780 | 1.90(40℃) |
| | | 碳酸丙烯酯(PC) | −48.4 | 242 | 64.920 | 2.53 |
| | | 碳酸丁烯酯(BC) | −53.0 | 240 | 53.000 | 3.20 |
| | 链状 | 碳酸二甲酯(DMC) | 4.6 | 91 | 3.107 | 0.59 |
| | | 碳酸二乙酯(DEC) | −74.3 | 126 | 2.805 | 0.75 |
| | | 碳酸甲乙酯(EMC) | −53.0 | 110 | 2.958 | 0.65 |

由于锂电池充放电电位较高而且阳极材料嵌有化学活性较高的锂，所以电解质通常选用非水有机溶剂而不能含有水。溶剂主要起到溶解锂盐的作用，同时有机溶剂的性质很大程度上决定了电解液的性质。溶剂主要有环状碳酸酯（PC、EC、BC）、链状碳酸酯（DEC、DMC、EMC）、羧酸酯类［甲酸甲酯（MF）、乙酸甲酯（MA）、丁酸甲酯（MB）、丙酸乙酯（EP）、乙酸乙酯（EA）、丙酸甲酯（MP）等］。

理想的有机溶剂应具备如下基本特性：①具有较高的介电常数，锂盐在溶剂中具有较高的溶解度；②熔点低，沸点高，保证电解液的使用温度范围宽；③黏度小，使锂离子在溶剂中更容易迁移；④成本低、低毒（无毒）。

目前常用的有烷基碳酸酯类溶剂，酯类溶剂的耐氧化能力强，在高电压下稳定性好。以碳酸乙烯酯、碳酸丙烯酯为代表的环状碳酸酯类溶剂的介电常数大，极性越强对锂盐的溶解能力也越强，但分子间作用力大从而黏度也大，锂离子的迁移速度就慢。而链状碳酸酯，如碳酸二甲酯、碳酸二乙酯等黏度低，但介电常数也低，对锂盐的溶解能力弱。因此，为获得具有高离子导电性的溶液，一般都采用 PC＋DEC、EC＋DMC 等混合溶剂。这些有机溶剂有难闻气味，电解液和锂电池生产过程中的相关工序需做好密封设计，可以符合欧盟的《关于限制在电子电气设备中使用某些有害成分的指令》（RoHS）和《化学品的注册、评估、授权和限制》（REACH）要求，是毒害性很小、环境友好的材料。

电池级溶剂由于催化剂选择要求高、提纯难度大，国内能生产的企业较少。其中龙头企业石大胜华占目前电池级 DMC 产能一半以上。此外，像电池级 EC 产能也基本集中在石大胜华、东营海科、奥克化学、辽宁港隆、营口恒洋、中科宏业等几家企业，技术难度更高的电池级 EMC 更是集中于石大胜华、东营海科、辽宁港隆、辽阳百事达等少数企业。

**（2）锂盐**

因为溶剂为有机物，有机物离子电导率较小，所以需要在有机溶剂中加入可溶解的导电盐以提高电解液离子电导率。按照阴离子分类，锂盐主要分为无机锂盐和有机锂盐，理想的锂盐应满足以下条件：易溶于有机溶剂，溶剂化的锂离子具有较高的离子迁移率；良好的热稳定性和化学惰性；对 Al 和 Cu 等集流体无腐蚀性；对环境友好，其分解产物无毒。

① 无机锂盐　目前开发的无机锂盐主要有 $LiPF_6$、$LiClO_4$、$LiBF_4$、$LiAsF_6$ 等，它们的电导率和耐氧化性次序如下：

电导率：$LiAsF_6 \geqslant LiPF_6 \geqslant LiClO_4 > LiBF_4$。

耐氧化性：$LiAsF_6 \geqslant LiPF_6 \geqslant LiBF_4 > LiClO_4$。

$LiAsF_6$ 的各项性能都很优异，如离子电导率高，不易水解，约在 1.15V（参比 $Li^+/Li$）时在负极表面发生还原反应，形成稳定的 SEI 膜，具有良好的成膜性。但在还原过程中生成的 $As^{3+}$ 和 As 毒性较大，限制了其商业化应用。$LiClO_4$ 具有良好的溶解性、耐氧化能力强、对水分不敏感、成本较低等优点，但因为 $LiClO_4$ 中 Cl 的化合价为 +7 价，氧化性较强，易与溶剂等其他物质发生副反应，并产生大量的热量和气体，有爆炸的危险，日本和美国已禁止使用。$LiBF_4$ 的解离常数小，电导率低，常温性能差，耐高低温性能较 $LiPF_6$ 优异。因 $LiBF_4$ 中 B—F 键比 P—F 键稳定，其对水不敏感，仍处于研究阶段未能商业化应用。$LiPF_6$ 对温度敏感，即使在室温下也会发生分解：

$$LiPF_6 \longrightarrow PF_5(g) + LiF(s) \tag{3-1}$$

其中，$PF_5$ 是很强的路易斯酸，容易进攻有机溶剂中氧的孤对电子，导致溶剂发生开环聚合；同时，$LiPF_6$ 与 $PF_5$ 均极易水解，痕量水的存在就会导致二者发生水解反应，生成 LiF、HF 和 $POF_3$ 等副产物。生成的 HF 会导致正极材料中 Ni、Co、Mn 等金属离子的溶解，破坏电极材料表面结构，从而影响锂电池的循环寿命。但 $LiPF_6$ 综合性能优异，在溶剂中具有适中的离子迁移数和解离常数，较好的抗氧化性能[5.1V（参比 $Li^+/Li$）]和良好的铝箔钝化能力。目前已商业化。

$LiPF_6$ 是电解液的关键原材料，成本比例高，占比约 44%。$LiPF_6$ 产业链涉及五氯化磷、氟化锂等多种中间物质合成，而氟化工对设备有较高的要求，需要设备持续开机以维持稳定，行业特点决定其具有一定的规模壁垒。国外 $LiPF_6$ 产能主要集中在日韩企业，主要有森田化工、关东电化、瑞星化工、韩国厚成、釜山化学等企业，相较于国内，其产能规模相对较小。国内较大的锂盐企业有天赐材料、多氟多、新泰材料等，其中 2020 年天赐材料 $LiPF_6$ 产能约为 1.2 万吨，多氟多为 9000 吨左右，新泰材料为 8000 吨左右。

② 有机锂盐　有机锂盐的研究热点是硼基锂盐和亚氨基锂盐。硼基锂盐中最具应用前景的是二草酸硼酸锂（LiBOB）和二氟草酸硼酸锂（LiODFB）。LiBOB 以 B 为中

心，O 通过配位与 B 结合，B 上的电子被草酸根中的 O 分散，导致 Li$^+$ 和 BOB$^-$ 的相互作用力减弱，容易在溶剂中解离。同时 LiBOB 中的 BOB$^-$ 能参与形成 SEI 膜，增强 SEI 膜的稳定性，能够作为添加剂改善溶剂共嵌入石墨的问题。然而 LiBOB 的离子电导率低、形成的 SEI 膜阻抗大等问题制约了 LiBOB 的进一步发展。LiODFB 继承了 Li-BOB 的优势，解决了 LiBOB 形成的 SEI 膜阻抗大的问题，而且对水不敏感，因此 Li-ODFB 有望取代 LiPF$_6$ 成为下一代商用锂电池电解液的锂盐。

亚氨基锂盐研究的热点是双三氟甲磺酰亚胺锂（LiTFSI）和双氟磺酰亚胺锂（LiFSI）。LiTFSI 与 LiFSI 的物理化学性质相似，具有较高的离子电导率、较宽的电化学窗口，但两者对铝集流体腐蚀严重，需要与添加剂共同使用才能在一定程度上抑制腐蚀的发生。LiFSI 为最有潜力的新型锂盐之一，市场推广应用情况较好，已被宁德时代、LG 化学等厂商用于部分电解液配方中。由于 LiFSI 生产成本远高于 LiPF$_6$，约为 LiPF$_6$ 价格的 5 倍。因此 LiFSI 仅作为添加剂在部分电解液配方中与 LiPF$_6$ 混合使用。目前来看 LiPF$_6$ 仍具有不可替代性。

**（3）添加剂**

添加剂是指在电解液中具有特定功能的物质，其含量较低（质量分数通常小于 10%），能明显提升电池的电化学性能。按照添加剂的功能分类，主要分为成膜添加剂、阻燃添加剂、防过充添加剂等，此外还有导电添加剂、改善低温性能的添加剂、控制电解液中 H$_2$O 和 HF 含量的添加剂等。

① 成膜添加剂　SEI 膜的结构和成分对电池的性能起到至关重要的作用。EC 溶剂还原生成的 SEI 膜孔隙大，不能完全阻断电子的传导，因此需要研发成膜添加剂来构建理想的 SEI 膜。氟代碳酸乙烯酯（FEC）和碳酸亚乙烯酯（VC）是比较成熟的成膜添加剂。

② 阻燃添加剂　在电池发生短路或撞击的情况下，电解液溶剂易发生链式反应而引起燃烧，造成安全隐患，因此对阻燃添加剂的研究是非常有必要的。阻燃添加剂主要是磷酸酯类和氟代有机溶剂等物质。

③ 防过充添加剂　电池在过充的情况下，电解液会发生不可逆的氧化分解，产生大量的热量和气体。防过充添加剂主要有苯的衍生物、酯的衍生物等具有活性官能团的物质，可分为氧化还原电对添加剂和电聚合添加剂。

### 3.1.3.2　固态电解质

电解液有其固有缺陷：①液态电解液在锂电池中会发生漏液、爆炸等安全性问题；②电池长时间使用后，电解液的副反应加剧，电解液会逐渐干涸，最终造成电池循环性能下降。

固态锂电池使用安全性高，经针刺、加热（200℃）、短路和过充（600%）等破坏性实验测试，固态锂电池除内温略有升高外（<20℃）并无其他安全性问题出现。

用金属锂直接用作阳极材料具有很高的可逆容量，其理论比容量高达 3862mAh/g，是石墨材料的十几倍，价格也较低，被看作新一代锂电池最有潜力的阳极材料，不足之处是会产生锂枝晶。采用固态电解质作为离子的传导介质可抑制锂枝晶的生长，使得金属锂用作阳极材料成为可能。此外使用固态电解质可避免液态电解液漏液的问题，还可把电池做成更薄（厚度仅为 0.1mm）、能量密度更高、体积更小的高能电池。固态聚合物电解质具有良好的柔韧性、成膜性、稳定性，而且成本较低等，既可作为正负电极间隔膜又可作为传递离子的电解质。

**（1）固态电解质的种类**

目前固态电解质主要有三类，分别为无机固态电解质、聚合物固态电解质和复合固态电解质，下面分别展开介绍。

① 无机固态电解质 无机固态电解质的种类繁多，可分为氧化物和硫化物等，其离子传输方式主要基于肖特基缺陷和弗仑克尔缺陷的离子扩散机制。离子电导率通常依赖于缺陷的浓度和分布情况。

氧化物主要有锂超离子导体（LISICON）、钠超离子导体（NASICON）、石榴石型的锆酸镧锂（锂镧锆氧化物，LLZO）和钙钛矿型的钛酸镧锂（锂镧钛氧化物，LLTO）等结构。LISICON 型固态电解质其高温离子电导率高（300℃，0.125S/cm），但室温离子电导率低（$10^{-7}$S/cm），且 $Ge^{4+}$ 易还原成 $Ge^{3+}$，导致 LISICON 的结构不稳定。NASICON 型固态电解质是 1976 年被提出的。目前，关于 NASICON 型材料，研究较为广泛的是 $Li_{1+x}Al_xTi_{2x}(PO_4)_3$（LATP）和 $Li_{1+x}Al_xGe_{2x}(PO_4)_3$（LAGP），二者的电导率较高，电化学窗口较宽，但 $Ti^{4+}$、$Ge^{4+}$ 在低电位下易被 Li 还原，因此不能直接与金属 Li 负极匹配使用，需通过包覆、加过渡层等方式加以保护。关于石榴石型固态电解质，研究较广泛的是 $Li_7La_3Zr_2O_{12}$（LLZO），LLZO 的离子电导率较高（$10^{-4} \sim 10^{-3}$S/cm）、电化学窗口较宽和对锂负极稳定，但 LLZO 在烧结过程中表面易生成 $Li_2CO_3$，导致较差的锂润湿性和锂离子传导率。典型的钙钛矿型固态电解质为 $Li_{3x}La_{2/3-x}TiO_3$，室温离子电导率已达到 $10^{-3}$S/cm，但 $Li_2O$ 在高温合成过程中易损失，因此较难控制产物的组分。

硫化物固态电解质质地较软，可加工性强。S 相比于 O 的极化更大，与 Li 的相互作用更弱，因此硫化物离子电导率大于氧化物。目前硫化物离子电导率均超过 $10^{-4}$S/cm。对于无机电解质而言，除了要求具备高离子传导性以外，正负极材料的化学稳定性也是相当重要。硫化物系固态电解质兼具高电导率和电化学稳定性，是全固态锂电池电解质的理想材料。硫化物固态电解质以 $Li_2S$-$P_2S_5$ 和 $Li_2S$-$SiS_2$ 两种类型为主，其中以 $Li_2S$-$P_2S_5$ 体系的锂离子导电玻璃或玻璃陶瓷研究居多。

② 聚合物固态电解质 聚合物固态电解质由聚合物基质和锂盐组成。与无机固态电解质材料相比，聚合物电解质具有良好的柔顺性、成膜性以及质量轻的优点。要形成高离子电导率的聚合物固态电解质材料，需要聚合物基底具备极性基团，应含有 N、O 等能够提供孤对电子的原子与 Li 形成配位键，常用固态聚合物基体的理化性质如表 3-7 所示。聚合物固态电解质主要是基于聚氧化乙烯（PEO）。总体而言，聚合物固态电解质的力学性能良好，离子电导率低。

表 3-7 常用固态聚合物基体的理化性质

| 名称 | 结构单元 | 玻璃化转变温度 $T_g$/℃ | 熔点 $T_m$/℃ | 机械强度 | 还原稳定性 |
|---|---|---|---|---|---|
| 聚氧化乙烯[①]（PEO） | $-(CH_2CH_2O)_n-$ | -64 | 65 | 弱 | 稳定 |

| 名称 | 结构单元 | 玻璃化转变温度 $T_g$/℃ | 熔点 $T_m$/℃ | 机械强度 | 还原稳定性 |
|---|---|---|---|---|---|
| 聚偏氟乙烯(PVDF) | $-\!\!\left(CH_2CF_2\right)_{\!n}$ | $-40$ | 171 | 强 | 差 |
| 聚偏氟乙烯-六氟丙烯共聚物 (PVDF-HFP) | $-\!\!\left(CH_2CF_2\right)_{\!x}\!\!\left(CF_2\!-\!CF(CF_3)\right)_{\!y}$ | $-90$ | 135 | 中等 | 差 |
| 聚丙烯腈(PAN) | $-\!\!\left(CH_2CH(CN)\right)_{\!n}$ | 125 | 317 | 强 | 差 |
| 聚甲基丙烯酸甲酯(PMMA) | $-\!\!\left(CH_2C(-CH_3)(-COOCH_3)\right)_{\!n}$ | 105 | — | 弱 | 稳定 |

①即聚环氧乙烷。

③ 复合固态电解质  复合固态电解质是在聚合物固态电解质中加入无机粒子填料制备得到的。无机粒子填料包括 $Al_2O_3$、$SiO_2$ 和铁电陶瓷等非离子导体以及 LLZO 等离子导体。研究表明，$Al_2O_3$、$SiO_2$ 等非离子导体填料主要通过降低聚合物基质的结晶性来提高电解质的离子电导率，而铁电陶瓷则是通过自发极化作用增强 PEO 分子链的偶极矩，进而提高界面的离子电导率。目前复合固态电解质是最有可能实现实际应用的。

**（2）固态电解质的界面问题**

固态电解质的界面问题是阻碍其商业化应用的一大因素。界面包括正极和电解质、电解质和电解质、负极和电解质、添加剂和电解质之间的界面，主要有三类问题，分别是空隙、界面反应和空间电荷层等。

# 3.2 其他组成材料

## 3.2.1 隔膜

在锂电池充放电过程中隔膜并不参与锂电池中的电化学反应，但却是锂电池中关键的内层组件之一。隔膜作为电池的关键部分，其成本一般占锂电池成本的 $8\%\sim20\%$。隔膜的主要作用是：①隔离正负极极片，防止正极极片和负极极片接触而造成短路；②传输锂离子，使电池在充放电过程中离子和电子形成回路。所以理想的隔膜应该对电子有无穷大的电阻，而对锂离子有零电阻。目前，在锂电池中主要应用的隔膜是聚乙烯（PE）和聚丙烯（PP）微孔膜，如图 3-10 所示。隔膜的高分子材质电阻率通常在 $10^{12}\sim10^{14}\,\Omega\cdot cm$ 量级，隔膜（离子）电导率一般在 $10^{-4}\sim10^{-3}\,S/cm$ 量级，有较好的电子绝缘性和较高的离子电导率。

为了达到锂电池的使用要求，隔膜应具有以下特点：①良好的电子绝缘性，隔膜的最主要作用就是阻隔正极和负极间的电子传输；②一定的厚度及均匀性；③化学和电化学稳定性；④一定的孔隙率、孔径与曲率等；⑤良好的电解液润湿性；⑥好的热稳定性和闭孔能力；⑦高的机械强度；⑧成本低。对于可以产业化的材料，除了要有优异的性能外，价格也是必须考虑的要素。

因为隔膜有些参数之间会相互影响，所以设计人员要根据客户对电芯的性能需求来选择合适的隔膜。例如：①厚度，它通常与锂离子扩散速率成反比，与隔膜的力学性能

图 3-10 锂电池隔膜

成正比；②孔径，大孔径利于离子迁移，但易使金属锂在负极沉积而引起枝晶问题，导致安全问题；③孔隙率，孔隙率高使隔膜具有较好的储液能力，对提高锂电池离子电导率有利，并抑制电极局部极化、析锂等，但会降低隔膜的机械强度并导致其热收缩率增大。如果能研发出离子电导率高、孔径分布均匀及力学性能优异、热学性能优异的隔膜，则对生产出高性能及高安全性的电池十分重要。

产业化锂电池隔膜的各项性能指标如表 3-8 所示。

表 3-8 产业化锂电池隔膜的各项性能指标

| 序号 | 项目 | 要求 |
| --- | --- | --- |
| 1 | 厚度/$\mu$m | 8~40 |
| 2 | 孔径 | 湿法隔膜的孔径在 0.01~0.1$\mu$m，干法隔膜的孔径在 0.1~0.3$\mu$m，锂离子隔膜的孔径应小于 1$\mu$m。孔径分布越窄、越均匀，电池的电性能越优异 |
| 3 | 面密度/(g/m$^2$) | 6~12 |
| 4 | 孔隙率/% | 40~60 |
| 5 | 透气率(Gurley 值)/(s/100mL) | 200~800 |
| 6 | 离子电导率/(S/cm) | $10^{-3}$~$10^{-1}$ |
| 7 | 拉伸强度 | 湿法：MD 纵向/TD 横向＞90MPa<br>干法：TD 横向＞150MPa，MD 纵向＞5MPa |
| 8 | 热收缩率 | 90℃ 1h(真空)<br>湿法：MD＜5.0%，TD＜3.0%<br>干法：MD＜5.0%，TD＜1.0% |
| 9 | $N_m$ 值(MacMullin 值) | 含电解液的隔膜的电阻率和电解液本身的电阻率之间的比值，此数值越小越好，一般为 3~8 |
| 10 | 润湿性和润湿速率 | 短时间内完全浸润 |
| 11 | 阻断特性(闭孔) | 约 130℃ 有效闭孔 |
| 12 | 稳定性 | 有足够的化学和电化学稳定性，不与电解液发生化学反应，也不能影响电解液的化学性质 |

### 3.2.1.1 隔膜发展现状

锂电池隔膜大致分为四类，分别是聚烯烃微孔膜、凝胶聚合物电解质隔膜、涂覆隔膜、无纺布隔膜，见图 3-11。

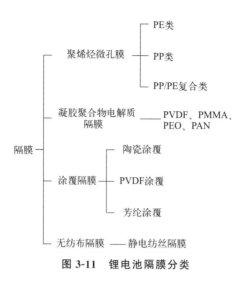

**图 3-11　锂电池隔膜分类**

**（1）聚烯烃微孔膜**

目前，大多数商业锂电池采用聚烯烃微孔膜，主要分为 PE、PP 和 PP/PE/PP 复合膜。聚烯烃微孔膜是目前应用最广、市场最大的隔膜。其最大的优点是具有良好的拉伸强度和穿刺强度，化学稳定性好、成本低和热熔断性能好；但其存在结晶度高、电解液浸润性差的缺点。三层 PP/PE/PP 复合膜强度较高，生产成本高，主要面向中高端市场。

**（2）凝胶聚合物电解质隔膜**

在生产锂离子中应用的凝胶聚合物电解质（GPE）隔膜有聚甲基丙烯酸甲酯（PM-MA）、聚偏氟乙烯（PVDF）、聚氧化乙烯（PEO）、聚丙烯腈（PAN）等，是结晶度较低的极性聚合物，以它们为原料制备的隔膜可以在电解液中溶胀，形成凝胶聚合物隔膜，具有电解液泄漏风险低和正负极紧密黏结、电极接触好的优点。但凝胶聚合物电解质隔膜同样存在离子电导率低（室温）、力学性能差、生产工艺复杂、电池生产成本高等缺点，限制了其商业化应用。

**（3）涂覆隔膜**

① 陶瓷涂覆隔膜　陶瓷涂覆隔膜又称聚合物与无机复合隔膜，是以聚烯烃微孔膜为基膜，然后涂覆陶瓷层制备得到的。陶瓷层主要是 $Al_2O_3$、$SiO_2$、$Mg(OH)_2$ 或其他耐热性优良的无机物陶瓷颗粒。其中陶瓷组分可提高隔膜的浸润性，并形成刚性骨架，使隔膜在高温时有较好的热稳定性和热收缩性。有机组分使其具有柔韧性，适合电池装配工艺。陶瓷复合隔膜的浸润和保液能力强，可提高锂电池的循环寿命。此外，陶瓷层还能中和电解液中微量的 HF，抑制锂电池气胀。

② PVDF 涂覆隔膜　PVDF 涂覆隔膜具有内阻低、均一性高、力学性能好、化学与电化学稳定性好等特点，可提高锂电池的安全性。此外，PVDF 隔膜也具有较好的浸润性和保液能力，能够延长电池循环寿命，提高电池的倍率性能。

③ 芳纶涂覆隔膜　芳纶纤维是一种高性能纤维，具有可耐受 400℃ 高温的耐热性，是卓越的防火阻燃材料，可防止面料遇热熔化。涂覆使用高耐热性芳纶树脂进行复合处理的涂层，不但能使隔膜耐热性能大幅提升，更是兼具闭孔特性和耐热性；而且芳纶树脂对电

解液的亲和性高，使得隔膜浸润和保液能力提高，从而延长了锂电池的循环寿命。

**（4）无纺布隔膜**

无纺布是将天然纤维和人工合成纤维材料，如芳香族聚酰胺（芳纶）纤维、聚对苯二甲酸乙二酯（PET）纤维、聚酰亚胺（PI）纤维等，进行定向或随机排列，形成纤维网状结构，然后采用物理、化学或热黏合等方法固化而成。孔隙率较高，一般为60%～80%，呈三维孔状结构，能够防止锂枝晶生长。目前，杜邦公司通过静电纺丝技术利用PI纳米纤维制备出了具有优良电解液浸润性的Energain聚酰亚胺电池隔膜。由于无纺布隔膜的厚度较大，力学性能差且孔径大，目前仍处于研发阶段未能产业化应用。

### 3.2.1.2 隔膜生产工艺

目前，锂电池的生产工艺大致有四类，其中干法和湿法工艺均已大规模应用，如图3-12所示。干法和湿法工艺流程见表3-9，其制备的隔膜微观形貌也有所不同，如图3-13所示。最早掌握隔膜生产技术的有美国Celgard（干法）、日本旭化成（Asahi KASEI，湿法）、日本东丽〔Toray，湿法。日本东丽电池隔膜公司的前身是日本东丽株式会社和日本东燃化学于2010年合资组建的日本东丽东燃（Toray Tonen）专业隔膜公司〕。而我国则是在2006年，星源材质在东莞樟木头建成了国内第一条湿法制造中试线。2008年，同样是由星源材质生产出了我国第一卷干法隔膜。

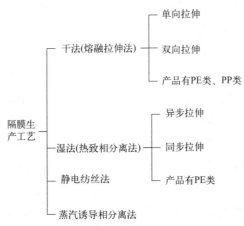

**图3-12　锂电池隔膜生产工艺分类**

**表3-9　干法与湿法工艺流程**

| 序号 | 干法单拉 | 干法双拉 | 湿法异步 | 湿法同步 |
|---|---|---|---|---|
| 1 | 投料 | 投料 | 投料 | 投料 |
| 2 | 流延 | 流延 | 流延 | 流延 |
| 3 | 热处理 | 纵向拉伸 | 纵向拉伸 | 纵向、横向拉伸 |
| 4 | 纵向拉伸 | 横向拉伸 | 横向拉伸 | 萃取 |
| 5 | 定型 | 定型 | 萃取 | 定型 |
| 6 | 分切 | 分切 | 定型 | 分切 |
| 7 |  |  | 分切 |  |

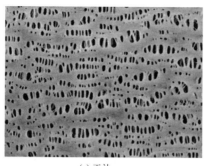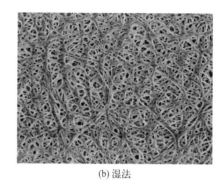

(a) 干法　　　　　　　　　　　(b) 湿法

**图 3-13　不同工艺制备隔膜的 SEM 图**

**（1）干法（熔融拉伸法）**

干法工艺是通过拉伸造孔。干法的制备过程是将高分子聚合物、添加剂等原材料混合后熔融，然后将熔融状态下的均匀熔体挤出，在拉伸应力场的作用下形成垂直于挤出方向并且平行排列的片晶结构，热处理后得到硬弹性薄膜材料，再在一定温度下经过拉伸使聚合物中相互平行的片晶结构分离形成大量微孔结构，热定型后得到微孔膜。熔融拉伸工艺简单并且溶剂无污染，主要步骤包括熔融挤出、热处理、拉伸，但该方法得到的微孔膜孔径和孔隙率较难控制。

干法又可以分为单向拉伸和双向拉伸工艺（又称 β 晶体工艺）。双向拉伸与单向拉伸工艺主要区别是：a. 流延铸片，得到 β 晶体含量高、均匀的 PP 铸片；b. 纵向拉伸，利用 β 晶体受拉伸易成孔的特点，在一定温度下对铸片进行纵向拉伸成孔；c. 横向拉伸，在较高的温度下对样品再进行横向拉伸扩孔，同时提高孔隙的均匀性。由于隔膜微孔的成孔机理不同，这两种工艺生产的隔膜各有优劣。

干法单拉工艺代表公司有美国 Celgard、日本宇部、中国星源材质等，此种工艺主要生产单层 PE、PP，双层 PE/PP 复合膜以及三层 PP/PE/PP 复合膜，干法单拉工艺只进行单向拉伸，隔膜的横向强度比较差，但在横向几乎没有热收缩。

干法双拉工艺由我国中国科学院化学研究所研制，并由中科科技实现产业化，2001年化学研究所将双向拉伸海外专利转让给了美国 Celgard（2015 年被日本旭化成收购），使 Celgard 成了掌握两种干法工艺的公司。

**（2）湿法（热致相分离法）**

湿法工艺是通过萃取溶剂（低挥发性）造孔。热致相分离法（thermally induced phase separation，TIPS，是 1981 年由美国 A. J. Castro 提出的一种新的制备聚合物微孔膜的方法，并申请了专利）是将高聚物在高于其熔点的温度下溶解于某些高沸点低挥发性的溶剂中，形成均相溶液，降温至接近熔点后发生相分离而成膜，拉伸后采用挥发性溶剂（二氯甲烷、三氯乙烯）萃取出低挥发性溶剂，随后可得相互贯通的微孔膜材料。通过此种方法制备的膜孔径以及孔隙率比较容易调控，并且需要控制的参数比较少，孔隙率高，制备过程容易实现连续化。

湿法同步与异步工艺基本相同，同步工艺是指在纵、横两个方向同时取向拉伸，免除了分别进行纵向、横向拉伸，加强了隔膜厚度均匀性。但同步拉伸存在车速慢、微孔可调性略差的缺点，只有横向拉伸比可调，纵向拉伸比是固定的。同步工艺微孔均匀，适合用作消费类锂电池；而异步工艺良品率高，适合做动力电池。湿法生产的隔膜孔径分布均匀，可以做得更薄，使锂电池能量密度更高，具有较好的孔隙率和透气性，可以满足动力电池倍率放电的要求。目前湿法隔膜占据主流。湿法隔膜的代表公司主要有日本旭化成、日本东丽、韩国 SKI、中国上海恩捷、美国 Entek 等。湿法制膜是以 PE 作为原料，即湿法生产的基本上是 PE 隔膜，其熔点为 140℃，因此得到的隔膜热稳定性比较差。

**（3）静电纺丝法**

静电纺丝法一般简称为"静电纺""电纺"等。静电纺丝法在锂电池领域主要用于制备无纺布隔膜，该方法材料可选择范围宽，如可溶/可熔聚酰亚胺（PI）、聚偏氟乙烯（PVDF）、芳砜纶（PSA）、聚酰胺酸（PAA）等材料，隔膜孔隙率高、电解液浸润性和保液率也都比较好，可以在一定程度上提高锂电池的能量密度，尤其有利于提升锂电池的倍率性能。但目前仍处于研发阶段，如美国杜邦公司、中国江西先材纳米纤维科技有限公司、中国科学院理化技术研究所等企业和单位均在进行 PI 无纺布隔膜（高耐热）的研发及产业化工作。

**（4）蒸汽诱导相分离法**

蒸汽诱导相分离法是相分离方法中的一种，因其制备多孔膜材料工艺简单而受到关注。蒸汽诱导相分离法的成膜方法是将稳态的聚合物溶液放置在蒸汽气相中，待蒸汽进入溶液中后便开始分相，进而成膜。该方法只需控制相转化聚合物溶液的浓度、溶剂种类、温度、湿度等就可以得到具有均匀孔径的隔膜，且该方法所制备隔膜的孔隙率高于商用隔膜。但该方法仍在实验室研究阶段，是否适合规模化生产还有待于进一步验证。

## 3.2.2 外壳

外壳主要作用是为锂电池的正负极极片、电解液、隔膜提供一个符合要求的反应场所。高硬度、轻量化的外壳技术是将来的发展方向。

在锂电池领域中塑壳存在散热差、能量密度低等缺点，现在各锂电池厂家已基本不再使用。现在主要采用铝壳、钢壳、铝塑膜三种材料的外壳，这三种外壳各有特点。一般情况下设计人员在选择外壳时，需要考虑电池的尺寸、形状、容量、能量密度、客户的使用环境等因素。

不同外形的电池所选用外壳的材质如图 3-14 所示。

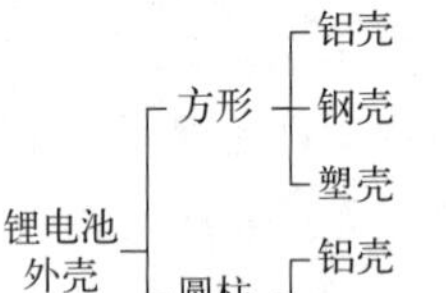

图 3-14 锂电池外壳
材质分类

**（1）铝壳**

方形与圆柱形铝壳电池如图 3-15 所示。铝壳因其密度小（密度为钢壳的 1/3），热导率是钢壳的 5 倍，易加工，延伸性能好，成为多数动力电池厂家的选择，如宁德时代、比亚迪、国轩高科、中创新航、蜂巢能源、三星 SDI 等。参照铝壳材质国家标准——《新能源动力电池壳及盖用铝及铝合金板、带材》（GB/T 33824—2017），铝壳常用的合金牌号有 1050、3003、3005、1060 等。多数厂家使用 3003 铝锰合金。

**图 3-15　方形与圆柱形铝壳电池**

### （2）钢壳

圆柱形钢壳电池如图 3-16 所示。因为铝合金强度低，在 18650 电池等小圆柱形电池生产过程中的控制难度要高于钢壳，会降低生产效率，且铝壳强度低于钢壳，若保证同样强度则需要增加铝壳厚度，就会降低锂电池的体积能量密度。所以 18650 电池及特斯拉汽车所使用的 2170、4680 等圆柱形锂电池多采用具有较强物理稳定性和耐压性的钢材料作为外壳材质。为了防止电池正极材料对钢壳的氧化，通常需要采取镀镍的方式来保护钢壳的铁基体。国内一般使用的是宝钢生产的电池专用的 BDCK 冷轧电池钢，电池壳相关标准为《电池壳用冷轧钢带》（GB/T 34212—2017）。

**图 3-16　圆柱形钢壳电池**

### （3）铝塑膜（铝塑复合膜）

常见的黑色与银色铝塑膜如图 3-17 所示。软包锂电池具有外形设计灵活、厚度更薄、比能量高、散热性好等优势，在 3C 类（计算机类、通信类和消费类电子产品）产品中大量使用，在储能及动力锂电池市场也有一定应用比例。而铝塑膜是软包锂电池的外壳材料，软包电池对铝塑膜的厚度、阻隔性、延展性、耐穿刺性、化学稳定性和绝缘性等方面有很高要求。铝塑膜主要有 $88\mu m$、$113\mu m$ 和 $152\mu m$ 三种厚度，$88\mu m$ 和 $113\mu m$ 两款主要用于制造 3C 类软包锂电池，而厚度为 $152\mu m$ 的这款主要用于动力电池及工业储能类软包动力电池等。

**图 3-17　常见的黑色与银色铝塑膜**

典型铝塑膜的结构主要为：ON（表层）/Al（铝箔层）/CPP（氯化聚丙烯，树脂层)。其中，最外层通常为尼龙层、PET层或尼龙与PET的复合层，主要是保护中间铝箔层不被划伤，起防污染、耐腐蚀及防止外力损伤的保护功能；中间铝箔层主要是起阻隔外部的水和其他小分子进入和产品形态成型的作用；内层树脂层为热封层，主要作用是封口及绝缘，要具有耐电解液腐蚀、绝缘性和耐刺穿性能；胶黏剂或树脂复合层主要起到层间黏结作用，需要具备耐电解液腐蚀、耐温热老化性能和较强的黏结性能。图3-18为典型的大日本印刷（DNP）和日本昭和电工（Showa）铝塑膜的结构示意图。

**图 3-18　铝塑膜结构示意图**

铝塑膜生产工艺分为干法和热法。干法工艺是由日本昭和电工和日本索尼共同研发而出。其优点是冲深性能（成型深度）好，外观、裁切性能好；缺点是耐电解液腐蚀和抗水性较热法差。采用干法工艺的厂家还有韩国栗村化学、中国上海紫江新材（干法与热法）、中国道明光学等。热法工艺是由大日本印刷（DNP）和日本尼桑公司专为动力锂电池而开发的铝塑膜产品，在耐电解液腐蚀性能方面优于日本昭和电工的产品，缺点是冲深性能（成型深度）差，外观和裁切性能略差。采用该工艺的还有新纶新材（2016年并购日本凸版印刷铝塑膜业务）、紫江新材（干法与热法）、佛塑科技公司等。随着工艺的不断改善，干法的耐电解液腐蚀性有很大改善，热法的冲深性能也大幅提高。目前，干法和热法铝塑膜产品均能满足软包锂电池的要求。

## 3.2.3　正负极基材

根据表3-10，常见金属常态下导电性最好的依次是银、铜、金、铝，其中银、金价格较高不适合大规模使用，应用较广泛的导电金属材料是铜和铝。锂电池集流体主要作用是传导电子（导线），同样锂电池集流体基本也是用铝或铜材质。

**表 3-10　常见金属的电阻率、密度、价格**

| 物质 | 温度/℃ | 电阻率/(Ω·m) | 密度/(g/cm³) | 价格（2022年11月价格）/(万元/t) |
|------|--------|--------------|--------------|--------------------------------|
| 银 | 20 | 1.586 | 10.53 | 491.50 |
| 铜 | 20 | 1.678 | 8.92 | 6.74 |
| 金 | 20 | 2.400 | 19.32 | 40700.00 |
| 铝 | 20 | 2.655 | 2.70 | 1.86 |
| 镁 | 20 | 4.450 | 1.74 | 2.57 |
| 钨 | 27 | 5.650 | 19.35 | 32.00 |
| 锌 | 20 | 5.196 | 7.14 | 2.42 |

| 物质 | 温度/℃ | 电阻率/(Ω·m) | 密度/(g/cm³) | 价格(2022年11月价格)/(万元/t) |
|---|---|---|---|---|
| 铁 | 20 | 9.710 | 7.87 | 0.50 |
| 铂 | 20 | 10.600 | 21.45 | 22900.00 |

对于不同锂电池体系会有所不同，钛酸锂做负极的电池正负极均使用铝箔。在石墨负极体系的锂电池中正极集流体是铝箔，负极集流体是铜箔，其原因有：a. 铝箔和铜箔价格便宜、电阻率低、延展性好容易加工。b. 铝箔、铜箔在空气中也相对比较稳定。虽然铝比较活泼，易与空气中的氧气发生反应，但反应后会在铝表面层生成一层致密的氧化膜，阻止内部的铝进一步与空气反应，而这层致密的氧化膜在电解液中对铝也有一定的保护作用。铜在空气中本身性质比较稳定，在湿度较低的环境中基本可以保持稳定。c. 石墨负极体系的锂电池正负极电位决定了正极用铝箔，负极用铜箔。因为正极电位高，铜箔在高电位下很容易被氧化，而铝的氧化电位高，且铝箔表层有致密的氧化膜，所以正极用铝箔做集流体。石墨负极体系的锂电池，负极电位比较低，Al 极易与 Li 形成金属间隙化合物，即化学式为 LiAl 的合金，多次充放电后会造成 Al 层粉化而失去导电能力，故 Al 不能作为石墨负极体系锂电池的负极集流体，对比钛酸锂负极体系因为其电势高于石墨负极体系，所以会选择价格和密度均较低的 Al 做负极集流体；而 Cu 只有很小的嵌锂容量，能够保持结构和电化学性能的稳定，可作为石墨负极体系锂电池的负极集流体。

**（1）锂电池集流体用铝箔**

锂电池对铝箔的要求主要有以下几方面。

① 外观 铝箔表面平整、洁净，不允许有划痕、孔洞、腐蚀、油脂、针孔、盐类、金属粉等不良。因为铝箔根据轧制方式不同而分为单面光箔和双面光箔，还要查看铝箔光面是不是符合要求。

② 厚度及均匀度 随着市场对锂电池比能量要求越来越高，铝箔的厚度逐年降低，目前已出现 6μm 的铝箔。不少锂电池制造公司要求箔的厚度偏差±2%，国标要求厚度偏差±4%，面密度偏差应控制在±2.0g/m²，厚度越小允许偏差也越小。具体应参照国家标准《锂离子电池用铝及铝合金箔》(GB/T 33143—2016)。

③ 合金牌号 当前铝箔用到合金牌号有 1090、1085、1070、1060、1145、1235、1230、1100、3003、8011 等。主要有工艺纯铝、铝锰系合金、铝和其他不常见金属合金。常用的合金牌号有 1235、1060、1070。1100、3003 合金主要用于生产超高强度铝箔。

④ 表面润湿张力 表面润湿张力≥65mN/m。

⑤ 力学性能 铝箔的抗拉强度基本上≥150MPa，不同牌号、厚度的铝箔会有差异。现在已有厂家商业化生产抗拉强度≥200MPa 的铝箔。

⑥ 其他 另外，锂电池厂家对铝箔表面粗糙度、异物质、切边质量、铝箔宽度、表面麻点、表面凸点、表面起皱等也进行控制。

目前，为了改善锂电池性能，减少极化，提升锂电池一致性和寿命，对铝箔表面进行蚀刻、粗糙化、涂碳等改性处理已成为一种趋势。表面涂碳的铝箔已有厂家开始应用。涂碳铝箔可以降低锂电池内阻、改善倍率性能、提高循环寿命。

**（2）锂电池集流体用铜箔**

工业用铜箔可分为压延铜箔与电解铜箔两大类。其中压延铜箔具有较好的延展性，是早期软板电路板所使用的铜箔；而电解铜箔具有成本低的优势，是目前市场上的主流铜箔产品。根据应用领域不同，电解铜箔又可以分为锂电铜箔和标准铜箔。根据厚度不同，铜箔可以分为极薄铜箔（1～8μm）、超薄铜箔（8～12μm）、薄铜箔（12～18μm）、常规铜箔（18～70μm）、厚铜箔（70～105μm）、超厚铜箔（105～500μm）。锂电池集流体用铜箔的厚度一般为6～20μm。根据表面状况铜箔可以分为：单面处理铜箔（单面毛）、双面处理铜箔（双面粗）、光面处理铜箔（双面毛）、双面光铜箔（双光）和超低轮廓（VLP）铜箔等。

锂电池对铜箔的要求主要有以下几个方面。

① 外观　表面平整、颜色均匀、表面特性（双面光、单面光、双面毛、双面粗化处理）符合要求，不应该有氧化变色，无斑点、褶皱、灰尘、油脂、针孔、盐类、金属粉等异常。

② 均匀度　电解铜箔面密度偏差±4.0g/m$^2$，厚度越小允许偏差也越小；压延铜箔面密度偏差±3.0g/m$^2$，厚度越小允许偏差也越小。

③ 铜类型　电解铜箔型号有LBEC-01、LBEC-02、LBEC-03和LBEC-04，参照电子行业标准《锂离子电池用电解铜箔》（SJ/T 11483—2014），Cu含量最低为99.8%。压延铜箔牌号有TU1、TU2和TSn0.12，参照国家标准《加工铜及铜合金牌号和化学成分》（GB/T 5231—2022），其中TU1和TU2铜箔铜含量最低为99.95%（Cu＋Ag），氧含量最高为0.003%；参照国家标准《锂离子电池用压延铜箔》（GB/T 36146—2018），TSn0.12铜箔铜含量≥99.81%（Cu＋Ag）。

④ 表面润湿张力　电解铜箔≥32mN/m，压延铜箔≥38mN/m。

⑤ 力学性能　电解铜箔的抗拉强度基本上≥294MPa，压延铜箔的抗拉强度最低为380MPa，不同型号、厚度的铜箔会有差异。

⑥ 其他　锂电池厂家对铜箔表面粗糙度、切边质量、铜箔宽度等也进行控制。

锂电池厂为提升锂电池能量密度，铜箔正在向极薄铜箔发展，6μm铜箔将会成为主流产品，甚至是更薄的4.5μm铜箔。随着4.5μm铜箔的生产技术成熟及锂电池厂家应用技术的提高，4.5μm铜箔会逐步开始使用。打孔铜箔也是铜箔轻量化研究的一个方向，部分厂家正在进行产业化研究。

 **思考题**

1. 锂电池正极材料有几种晶体结构，分别是哪些？
2. 主流锂电池负极材料选用人造石墨的原因是什么？
3. 你认为手机用锂电池选用什么正极材料和负极材料合适？
4. 锂电池为什么需要电解液离子电导率高？
5. 电解液的电子电导率是不是越低越好？
6. 隔膜的作用是什么？未来发展方向是什么？

7. 大容量方形锂电池为什么多数厂家选用铝壳？

8. 石墨负极锂电池正负极基材选用什么材料？为什么？

## 参考文献

[1] 王伟东，仇卫华，丁倩倩. 锂离子电池三元材料——工艺技术及生产应用 [M]. 北京：化学工业出版社，2015.

[2] 义夫正树，拉尔夫·J. 布拉德，小泽昭弥. 锂离子电池——科学与技术 [M]. 苏金然，汪继强，等译. 北京：化学工业出版社，2014.

[3] Park J K. Principles and Applications of Lithium Secondary Batteries [M]. New York：John Wiley & Sons，Ltd，2012.

# 锂电池制造工艺

制造工艺是指生产企业利用制造工具和设备，对各种原料、材料、半成品进行加工或处理，最后使之成为成品的工艺、方法和技术。它是人们在劳动中积累起来并经总结的操作技术经验，也是制造过程和有关工程技术人员应遵守的技术规程。产品的制造工艺是大规模制造业的基础和根本保证，在锂电池逐步成为未来通用产品的今天，探讨其制造工艺、制造方法和制造规范，是锂电池产业未来走向高质量、高效、低成本制造的基础。

锂电池的制造工艺涉及从原材料到电芯再到成品电池的全流程。锂电池的包装分为两大类：一类是软包电芯，采用铝塑膜包装；另一类是金属外壳电芯，采用钢壳或铝壳包装。近年来由于特殊需要一些电芯也采用塑料外壳包装。后一类按照外形，又可分为方形和圆柱形两类。三种电池的制造工艺大体上相似，也有不同之处。本章节以方形和圆柱形电池为例介绍工艺流程，在本章结尾处介绍软包电池的特殊工艺，以及固态电池工艺展望。

## 4.1 锂电池工艺流程概述

如前所述，锂电池组成比较复杂，其构成有正负极极片、隔膜、电解液、集流体和黏结剂、导电剂等，涉及的反应包括正负极的电化学反应、离子传导和电子传导及热量的扩散等。当前的锂电池制造过程分为三段，分别为前段的电极制造工艺，中段的电芯制造工艺，以及后段的激活检测工艺。电池极片制造工艺一般流程为：首先活性物质、黏结剂和导电剂等混合制备成浆料，涂覆在铜箔或铝箔集流体两面，经干燥后去除溶剂形成干燥极片，极片颗粒涂层经过压实致密化，再裁切或分条；然后流入中段制程，正负极极片和隔膜组装成电池的电芯，封装后注入电解液；最后经过充放电激活，以及一些辅助工序，形成电芯产品。

## 4.2 电极制造工艺流程

前段工序制片段的生产目标是完成正负极极片生产。其工艺路线包括制浆、涂布、辊压、分切、模切等。在电极制程阶段，圆形、方形和软包电池没区别，因此在这一节不做区分，统一介绍。

## 4.2.1 制浆

锂电池的性能上限是由所采用的化学体系（正极活性物质、负极活性物质、电解液）决定的，而实际的性能表现关键取决于极片的微观结构。极片的微观结构主要是由浆料的微观结构和涂布过程决定的，其中浆料的微观结构占主导。因此在制造工艺对锂离子电池性能的影响中，业界认为前段工序的影响至少占70%，而前段工序中制浆工序的影响至少占70%，也就是说，制浆工序对锂电池性能的影响至关重要。

锂离子电池的电极材料包括活性物质、导电剂和黏结剂三种主要成分，其中活性物质占总重的绝大部分，一般在90%～98%之间，导电剂和黏结剂的占比较少，一般在1%～5%之间。这几种主要成分的物理性质和尺寸相差很大，其中活性物质的颗粒一般在1～20μm之间，而导电剂绝大部分是纳米碳材料，如常用的炭黑的一次粒子直径只有几十纳米，碳纳米管的直径一般在30nm以下，黏结剂则是高分子材料，有溶于溶剂的，也有在溶剂中形成微乳液的。锂电池的电极需要实现良好的电子传输和离子传输，从而要求电极中活性物质、导电剂和黏结剂的分布状态满足一定的要求。电极中各材料的理想分布状态如图4-1所示，即活性物质充分分散，导电剂充分分散并与活性物质充分接触，形成良好的电子导电网络，黏结剂均匀分布在电极中并将活性物质和导电剂黏结起来使电极成为整体。

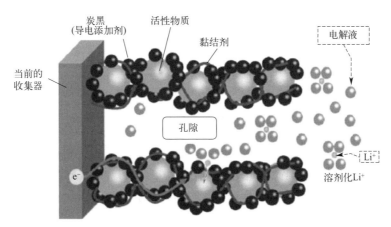

图 4-1　锂离子电池电极中各材料的理想分布状态

制浆是将活性物质粉体、黏结剂、导电剂等和溶剂按照一定顺序和条件混合均匀制成稳定悬浮液的过程。锂电池的浆料分为正极浆料和负极浆料。浆料的配方、分散的均匀度、黏度、附着力、稳定性、一致性对锂电池的性能有重大影响。制浆的目的包括：a. 分散导电剂和活性物质团聚体；b. 减小导电剂和活性物质二次颗粒的尺寸；c. 形成导电剂、活性物质和黏结剂之间最合适的排列方式；d. 维持浆料最优结构和成分稳定性，防止沉降和团聚等成分偏析。

从微观上看，制浆过程通常包括润湿、分散和稳定化三个主要阶段，如图4-2所示。润湿阶段是使溶剂与粒子表面充分接触的过程，也是将粒子团聚体中的空气排出并由溶剂来取代的过程，这个过程的快慢和效果一方面取决于粒子表面与溶剂的亲和性，另一方面与制浆设备及工艺密切相关。分散阶段则是将粒子团聚体打开的过程，这个过程的快慢和效果一方面与粒子的粒径、比表面积、粒子之间的相互作用力等材料特性有关，另一方面与分散强度及分散工艺密切相关。稳定化阶段是高分子链吸附到粒子表面上，防止粒子之间再次发生团聚的过程，这个过程的快慢和效果一方面取决于材料特性和配方，另一方面与制浆设备及工艺密切相关。需要特别指出的是，在整个制浆过程中，并非所有物料都是按上述三个阶段同步进行的，而是会有浆料的不同部分处于不同阶段的情况，比如一部分浆料已经进入稳定化阶段，另一部分浆料还处于润湿阶段，这种情况实际上是普遍存在的，这也是造成制浆过程复杂性高、不易控制的原因之一。

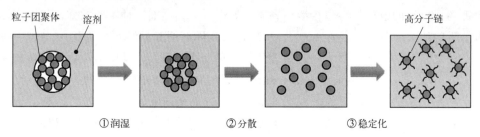

图 4-2　微观上看制浆的三个主要阶段

锂电池浆料要求具有良好的均匀分散性和稳定性，其中影响制浆品质的因素主要有搅拌桨、搅拌速度、黏度、温度、真空度、重力等。

**（1）搅拌桨**

搅拌桨大致包括蛇形、蝶形、球形、桨形、齿轮形等。蛇形、蝶形、桨形搅拌桨用于分散难度大的材料或配料的初始阶段，而球形、齿轮形搅拌桨用于分散难度较低的材料。

**（2）搅拌速度**

一般说来搅拌速度越高，分散速度越快，但对材料自身结构和设备的损伤就越大。

**（3）黏度**

通常情况下浆料黏度越小，分散速度越快，但太稀将导致材料的浪费和浆料沉淀的加重。此外，黏度对黏结后制得整体的强度也有影响：黏度越大，柔制强度越高，黏结后制得整体的强度越大。

**（4）真空度**

高真空度有利于材料缝隙和表面的气体排出，降低液体吸附难度。

**（5）重力**

材料在完全失重或重力减小的情况下分散均匀的难度将大大降低。

**（6）温度**

太热的浆料容易结皮，太冷的浆料流动性将大打折扣，在适宜的温度下，浆料流动性好、易分散。

目前锂电行业常用的制浆工艺有两大类，分别称为湿法工艺和干法工艺，其区别主要在于制浆前期浆料固含量的高低，湿法工艺前期的浆料固含量较低，而干法工艺前期的浆料固含量较高。两种制浆工艺的典型工艺流程如图 4-3 所示。

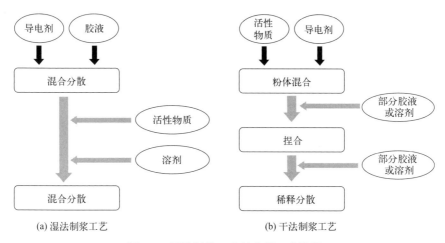

(a) 湿法制浆工艺　　　　　　　　　(b) 干法制浆工艺

**图 4-3　两种制浆工艺的典型工艺流程**

## 4.2.2　涂布

涂布也叫涂覆，指将一层或者多层液体涂覆在一种基材上的工艺技术，基材通常为柔性的薄膜或者衬纸。涂覆的液体涂层经过烘箱干燥或者固化，形成一层具有特殊功能的膜层。

浆料涂布是电极制造工艺中继制浆后的下一道工序，此工序主要目的是将稳定性好、黏度适宜、流动性好的浆料均匀地涂覆在正负极集流体上，然后进行干燥成膜的过程。极片涂布对锂电池的容量、一致性、安全性等具有重要的意义。据不完全统计，因极片涂布工艺引起的失效占锂电池全部失效的比例超过 10%。

锂电池极片涂布成功的前提是选择合适的涂布方法，目前有二十多种涂布方法可以将浆料涂覆于集流体上，如浸涂、辊涂（见图 4-4）、刮刀涂、挤压涂布、狭缝涂布等。选择合适的涂布方法需要从涂布层数、涂层厚度、浆料黏度、涂布精度、片幅情况、涂布速度等方面进行综合考虑。

**（1）涂布层数**

大多数涂布方法适合一次涂布一层，在一层干燥后再涂另一层。有些方法可以同时涂布多层，如坡流涂布。

**（2）涂层厚度**

一般来说，涂层厚度越薄，涂布难度就越大。这里提及的厚度是指湿涂层厚度，干涂层和湿涂层的差别很大。

**（3）浆料黏度**

黏度和黏弹性是反应流变性质的物理量。每一种涂布方法适应的黏度都有一定的范围。黏弹性虽然很重要但很难预测，适当的黏弹性有助于改善某些涂布的运行状况，但是高黏弹性会引起竖道等缺陷。

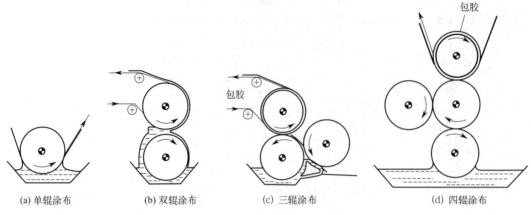

| (a) 单辊涂布 | (b) 双辊涂布 | (c) 三辊涂布 | (d) 四辊涂布 |

图 4-4　辊涂涂布方式

**（4）涂布精度**

涂布精度取决于涂布方法、流体性质、涂布速度等因素。任何涂布方法都有一个较宽的涂布范围，只有非常精细地使涂布系统最佳化才能得到良好的涂布效果。

**（5）片幅情况**

片幅可以是非渗透性的，也可以是渗透性的。对于渗透性的片幅可以将孔封闭后涂布。同时，还要考虑片幅上的粗糙度和表面张力。浆料表面张力要低于片幅张力。

**（6）涂布速度**

涂布速度涉及生产效率，在可能的情况下速度越快越好。所有涂布方法都有速度限制，有些涂布方法在高速下涂布效果更好，有些则相反。

涂布方法及适用范围见表 4-1。

表 4-1　涂布方法及适用范围

| 分类 | 涂布方法 | 黏度/(Pa·s) | 湿涂层厚度/μm | 涂布精度/% | 涂布速度/(m/min) |
|---|---|---|---|---|---|
| 单层 | 空气刮刀涂布 | 0.005~0.5 | 2~40 | 5 | 500 |
| | 刮棒(绕线)涂布 | 0.02~1 | 5~50 | 10 | 250 |
| | 刮刀涂布 | 0.5~40 | 1~30 | — | 1500 |
| | 逆转辊涂布 | 0.1~50 | 5~400 | 5 | 300 |
| | 狭缝涂布 | 0.005~20 | 15~250 | 2 | 400 |
| | 挤压涂布 | 50~5000 | 15~750 | 5 | 700 |
| 多层 | 坡流涂布 | 0.005~0.5 | 15~250 | 2 | 300 |
| | 落帘涂布 | 0.005~0.5 | 2~500 | 2 | 300 |

锂电池极片涂布特点为：a. 浆料黏度大，湿涂层较厚（$100\sim300\mu m$）；b. 极片涂布精度较一般产品要求高，涂布速度与胶片涂布相近；c. 涂布支持体为厚度 $10\sim20\mu m$ 的铝箔和铜箔；d. 双面单层涂布。

一般的极片涂布工艺包括放卷、拼接、牵引、张力控制、涂布、干燥、一次纠偏、张力控制、二次纠偏、收卷等工序。涂布的缺陷主要有气泡、针孔、厚边、划痕等，如图 4-5 所示。

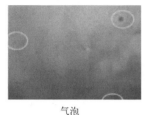

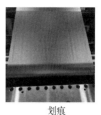

| 气泡 | 针孔 | 厚边 | 划痕 |

**图 4-5　涂布缺陷示意图**

### 4.2.3　辊压

涂布后的极片需要通过辊压使活性物质与集流体紧密接触，减小电子的移动距离，降低极片的厚度，提高装填量，同时降低电池内阻提高电导率，提高电池体积利用率从而提高电池容量。

辊压之前，铜箔（或铝箔）上的电性浆料涂层是一种半流动、半固态的粒状介质，由不连接的或弱连接的一些单独颗粒或团粒所组成，具有一定的分散性和流动性。电性浆料颗粒之间存在空隙，这也就保证了在辊压过程中，电性浆料颗粒能发生小位移运动填补其中的间隙使其在压实下进行相互定位。电池极片辊压可以看成是一种在不封闭状态下的半固态电性浆料颗粒的连续辊压过程，电池浆料颗粒附着在铜箔（或铝箔）上，靠摩擦力不断被咬入辊缝中，并被辊压压实成具有一定致密度的电池极片，辊压工艺过程如图 4-6 所示。

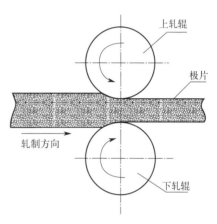

**图 4-6　极片辊压工艺过程示意图**

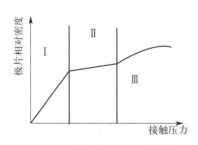

**图 4-7　极片相对密度随接触
压力变化示意图**

电池极片的辊压与钢材的辊压有较大的区别。轧钢时轧件受到外力作用后，先产生弹性变形。当外力增加到某一极限时，轧件开始产生塑性变形。外力增大，塑性变形增加。轧钢纵轧是为了得到延伸。辊压的过程中分子沿纵向延伸和横向扩展，轧件厚度变小，但密度不发生变化。电池极片是将化合物浆料涂在铝箔或铜箔等基材上，极片的辊压是将极片上的电性浆料颗粒压实，其目的是增加电池极片的压实密度。合适的压实密度可增加电池的放电容量，减小内阻，延长电池的循环寿命。电性浆料颗粒受压后产生位移和变形，随接触压力的增大，极片相对密度变化有一定的规律，如图 4-7 所示。

在区域Ⅰ内，随着接触压力不断增大，电性浆料颗粒开始产生了小规模的位移，并且位移在逐渐增大，此时电性浆料颗粒之间的间隙逐渐被填充，此时具体表现为极片的相对密度随接触压力的增大缓慢增加。

在区域Ⅱ内，电性浆料颗粒经过区域Ⅰ内的密度小规模提高后，随着接触压力的增大，电性浆料颗粒开始继续填充颗粒之间的间隙，经过区域Ⅱ内的辊压后，颗粒间的间隙已被挤压密实，此时具体表现为极片的相对密度随接触压力的增大迅速增加，相对密度提高速度远远高于区域Ⅰ阶段，同时在区域Ⅱ内伴随着电性浆料颗粒的部分变形。

在区域Ⅲ内，经过区域Ⅱ内电性浆料颗粒之间空隙被填充满后，颗粒不会再产生位移，但是随着接触压力的增大，电性浆料颗粒开始产生大变形，此时，极片的相对密度随接触压力的增大不会再迅速增加，极片出现硬化现象，因此极片相对密度变化变为平缓曲线。

辊压过程中电池极片上电性浆料颗粒的变化十分复杂。电性浆料颗粒相对密度的提高主要表现在颗粒的位移上，通过位移填充颗粒之间的空隙，同时小部分颗粒发生变形，之后由于辊压力的提高，电性浆料颗粒在空隙被填充满之后主要发生大变形，此阶段也会发生小部分位移。

辊压是锂电池极片制造过程中的关键工艺之一，其辊压的精度在很大程度上影响着锂电池的性能。辊压的目的有以下几点：辊压工艺能够使极片的表面保持光滑和平整，从而可以防止因极片表面的毛刺刺穿隔膜而引起的电池短路隐患；提高电池的能量密度，辊压工艺可对涂覆在极片集流体上的电极材料进行压实，从而使极片的体积减小，提高电池的能量密度；提高锂电池的循环寿命和安全性能，辊压工艺能够使黏结剂把电极材料牢固地粘贴在极片的集流体上，从而防止因电极材料在循环过程中从极片集流体上脱落而造成锂电池能量的损失。

### 4.2.4　分切和模切

辊压后的极片，需要经过分切和模切，才能进入中段电芯的制作。

根据工艺和来料尺寸，使用分切机将膜卷切成多个尺寸相同的卷料，将极片分切成设计的宽度，从而达到电芯尺寸要求，这个过程就是分切，也叫分条。而将正负极膜片通过成型刀模或激光的剪切形成特定形状和规格的极耳和极耳间距的过程叫模切。分切和模切如图4-8所示。在实际制程中，分切和模切工艺的先后顺序不定，也有在一台组合设备中同时进行的。需要注意的是，圆柱形电池一般采用全极耳电极，因此没有模切工序。

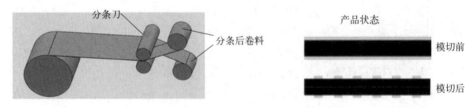

**图4-8　分切和模切示意图**

## 4.3　电芯装配工艺流程

中段工艺的生产目标是完成电芯的制造，本质上是由装配工序组成，具体来说是将前段工序制成的（正、负）极片，与隔膜、电解质进行有序装配。由于方形、圆柱形与软包电池结构不同，导致不同类别锂电池在中段工序的技术路线、产线设备存在差异。具体来说，方形、圆柱形电池的中段工序主要流程有辊压分条、卷绕、注液、封装；软包电池的中段工序主要流程有叠片、注液、封装。

## 4.3.1 卷绕/叠片

卷绕是将正极极片、负极极片、隔膜按一定顺序通过绕制的方法，制作成芯包的过程。主要用于方形、圆柱形锂电池生产，如图4-9所示。卷绕是电芯制作最常用的方法。

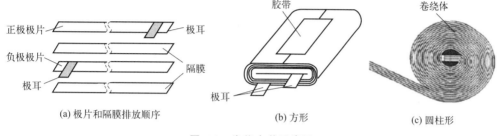

图4-9 卷绕电芯示意图

相比圆柱卷绕，方形卷绕工艺对张力控制的要求更高，故方形卷绕机技术难度更大，卷绕工序需要监控的项目有极片或隔膜破损、物料表面的金属异物、极片双面涂层错位值（overhang）、来料坏品、极耳打折与翻折等。卷绕过程需要具备纠偏机构、张力控制组件、极片计长组件等控制，以保证卷绕出的电芯各个参数符合规格要求。卷绕工艺流程如图4-10所示。

动力电池目前的主流生产工艺，无论是以特斯拉和松下主导的圆柱路线，还是以三星、CATL主导的方形路线，仍还在沿用数码锂电时代的卷绕制造工艺。但在车规级动力电池对大容量、大规模、标准化要求越来越高的趋势下，对制造一致性、制造质量、制造安全性的要求也越来越高，卷绕工艺存在的问题逐步显现出来。在此背景下，叠片工艺具备接触界面均匀、内阻低、能量密度高、倍率性能好、极片膨胀变形均匀等综合特点，已经成为未来电池结构发展的重要趋势。

叠片工艺生产电芯的特点是尺寸灵活，不受卷绕卷针结构的限制，层叠方式生产，极片的界面平整度高，未来在车规级动力电池领域将得到广泛应用。数据显示，和传统卷绕工艺电池相比，叠片工艺的电池边角处空间利用率更高，能量密度可提高5%以上；全生命周期更低变形和膨胀，循环寿命提升10%以上；边缘结构更简单，结构适应性更好，电池安全性更高。目前的主要叠片制造工艺可以分为两大类：Z型叠片和复合叠片（如图4-11所示）。图4-12为叠片工艺流程图。

卷绕与叠片的具体工艺要求如下：

① 负极活性物质涂层能够包住正极活性物质涂层，防止析锂的产生。对于卷绕电芯，负极的宽度通常要比正极宽0.5～1.5mm，长度通常要比正极长5～10mm；对于叠片电芯，负极的长度和宽度通常要大于正极0.5～1.0mm。负极大出的尺寸与卷绕和

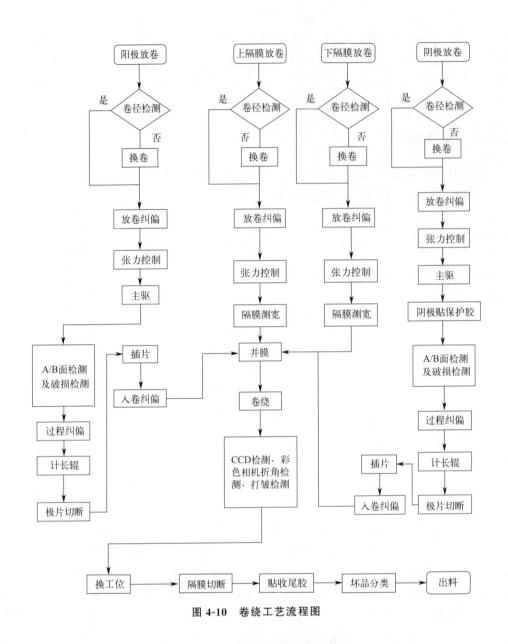

图 4-10　卷绕工艺流程图

(a) Z型叠片　　　　　　(b) 复合叠片

图 4-11　Z型和复合叠片原理示意图

叠片的工艺精度有关，精度越高，留出的长度和宽度可以越小。

②隔膜处于正负极极片之间能够将正负极完全隔开，并且比极片更长更宽。对于卷绕电芯，隔膜的宽度通常比负极要宽 0.5～1.0mm，长度通常要比负极长 5～

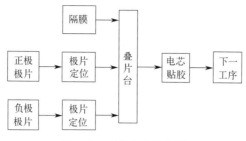

图 4-12 叠片工艺流程图

10mm；对于叠片电芯，隔膜的长度和宽度通常要大于负极 1～2mm。隔膜的具体长度与电芯结构设计有关。

③ 卷绕电芯要求极片卷绕松紧适度，过松浪费空间，过紧不利于电解液渗入，同时还要避免电芯出现螺旋；叠片电芯要求极片和隔膜叠片的整齐度高，极片的极耳等部件装配位置要准确，从而减少空间浪费和安全隐患。

④ 卷绕和叠片过程要防止极片损坏，保持极片边角平整，无毛刺出现。

卷绕与叠片各有优势。卷绕采用对正负极极片整体进行卷绕的方式进行装配，通常具有自动化程度高、生产效率高、质量稳定等优点。但是卷绕电芯的极片采用单个极耳，内阻较高，不利于大电流充放电。另外，卷绕电芯存在转角，导致方形电池空间利用率低。因此卷绕电芯通常用于小型常规的方形电池和圆柱形电池。卷绕工艺电芯和叠片工艺电芯效果示意如图 4-13 所示。

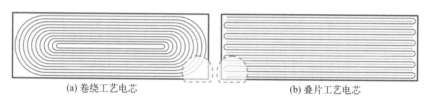

(a) 卷绕工艺电芯　　　　　　　　　　(b) 叠片工艺电芯

图 4-13　卷绕工艺电芯和叠片工艺电芯效果示意图

叠片电芯的每个极片都有极耳，内阻相对较小，适合大电流充放电，同时叠片电芯的空间利用率高。但是叠片工艺相对烦琐，同时存在多层极耳，容易出现虚焊。因此叠片电芯通常适用于大型的方形电池，也可用于超薄电池和异形电池。

## 4.3.2　干燥

众所周知，水分对电池性能的影响是很大的，在电池的生产制造过程中必须严格控制。电池中的水分会造成电解液变质，或者和电解液反应生成有害气体，导致电池内部压力变大引起电池受力变形。电池水分过多还会造成电池的高内阻、高自放电、低容量、低循环寿命甚至电池漏液等，极大降低电池性能。因此，干燥工序在锂电池生产中必不可少。

在锂离子电池生产过程中，正负极粉体材料一般需要在合浆之前进行水分控制，通过粉体制造的最后一段过程同步进行干燥。而制浆过程中，负极一般是水系浆料，正极一般是油系浆料。在浆料涂覆之后，进行一次初步干燥，这一步主要目的是去除浆料中的溶剂，形成微观多孔结构的电池极片。此步干燥之后，极片中仍旧残留较高的水分，之后的过程中主要有两个去除残留水分的干燥工序：①在电池卷绕或叠片之前，对电池极片进行真空干燥，干燥温度一般为120~150℃，电池极片往往成卷或者成堆干燥；②在电池注液之前，对组装好的电池进行真空干燥，由于此时电池包含隔膜等部件，干燥温度一般为60~90℃。

干燥温度的设定并非随意，这跟锂电池注液前固态物质内水分的存在形式有关。根据固体物质分子与水分子作用力的性质及大小，水分的存在形式主要有三种，如图4-14所示。其一是附着水分，水分只是简单机械地附着于物质表面；其二是吸着水分，水分以物理或化学吸附的形式与固态物质结合；其三是化合水分，水分以结晶水合物的形式与物质结合。对于附着水分，在常温常压下即可自然挥发；对于吸着水分在常压下105℃左右即可蒸发；而化合水分的蒸发在常压下通常需要达到150℃以上。而真空环境下，水分脱除温度可以大幅度下降。温度越

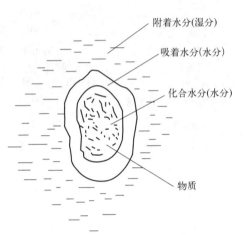

图 4-14　固体物质内水分存在的形式

高，水分脱除效果越好。但是温度也不能过高，因为组成锂电池隔膜的多为高分子材料，例如高密度聚乙烯和高密度聚丙烯等，而这些高分子材料在过高温度下会降解，造成严重的安全问题。因此，合理设置锂电池干燥温度是一个极为重要的问题，需要根据具体的材料体系来进行适当调整。

当前锂电池制程中普遍采用真空干燥工艺。在真空干燥过程中，真空系统抽真空的同时对被干燥物料不断加热，使物料内部水分通过压力差或浓度差扩散到表面，水分子在物料表面获得足够的动能，克服分子间相互吸引力，飞入真空室的低压空间，从而被真空泵抽走。

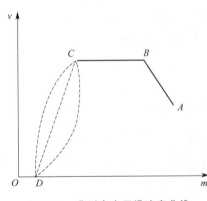

图 4-15　典型真空干燥速率曲线

典型的真空干燥速率曲线如图4-15所示。水分散失过程分为三个阶段：加速干燥阶段，等速干燥阶段，减速干燥阶段。AB段为加速干燥阶段，此时物料内水分含量一定，由于抽真空和加热，物料在允许温度范围内被加热到相应压力下的汽化温度而大量汽化，干燥速率不断加快。由于传热传质特性的限制，干燥速率达到最大值，进入BC段即等速干燥阶段，此时物料温度保持不变，加热的热量用作汽化潜热和各种热损失，蒸汽不断排出，保持了蒸发表面和空间的压力差，使干燥持续进行。当物料的水分含量减少到一定程度，蒸发出的水分减少，蒸发表面和空间压力差减小，转入CD段即减速干燥阶段，干燥速率逐渐下降而趋近于零。

真空干燥中的干燥速率为单位时间内在单位面积上汽化排出的水分质量，即：

$$v = \frac{dm}{dA\,dt} \tag{4-1}$$

式中　$v$——干燥速率，$g/(m^2 \cdot h)$；

　　　$m$——排出的水分质量，g；

　　　$A$——干燥面积，$m^2$；

　　　$t$——干燥时间，h。

真空干燥过程中影响干燥速率的因素很多。首先，被干燥物料的形状、尺寸、堆置方法，物料本身的水分含量、密度等物理形状会影响干燥速率。其次，干燥设备的工作真空度会影响干燥速率，真空度高水分就可以在较低的温度下汽化，但是高真空度不利于热传导会降低加热效果。最后，干燥设备的结构形式、加热方式以及干燥工艺都会影响干燥速率。因此干燥时间和干燥速率计算难度很大。

电池的干燥工艺一般包含预热、真空干燥、冷却三个阶段。由于真空段导热较慢，因此一般先在常压或者较高压下进行预热，电池升到一定温度后再抽真空进行水分去除，干燥结束后冷却至室温避免电池材料的氧化，干燥后的电池应尽量避免与大气环境接触。干燥过程中的温度、真空度、预热时间、保持真空时间等工艺参数对干燥结果有重要影响，选择合适的工艺参数有利于干燥效率的提升。

目前一些研究人员和电池生产厂商对极片电芯等烘烤工艺进行了研究，但是多数以专利形式公开，对干燥机理的研究较少，各个厂商对于参数的选择各不相同，对新的产品的工艺制定无法提供理论依据。

## 4.3.3　注液

锂电池电解液作用就是在正、负极之间导通离子，担当充放电的介质，就如人体的血液。如何让电解液充分而均匀地浸润到锂电池内部，成为重要的课题。因此，注液工艺是非常重要的过程，直接影响电池的性能。锂电池注液可分两步：

① 注液，将电解液注入电芯内部；

② 浸润，让注入的电解液充分浸入正负极极片和隔膜。

在锂电池组装的过程中，电解液通过定量泵注入密封腔室内，如图4-16所示。将电池放入注液室，真空泵对注液室抽真空，电池内部也形成了真空环境；然后注液嘴插入电池注液口，打开电解液注入阀，同时用氮气加压电解液腔室至0.2～1.0MPa；保压一定时间，注液室再放气到常压，最后长时间（12～36h）静置，从而让电解液与电池正负材料和隔膜充分浸润。

当注液完成后，将电池密封，电解液理论上会从电池顶部渗入隔膜和电极中，但实际上大量的电解液向下流动聚集在电池底部，再通过毛细压力渗透到隔膜和电极的孔隙中，如图4-17所示。

通常，隔膜由多孔亲水材料组成，孔隙率一般比较大，而电极是由各种颗粒组成的多孔介质。普遍认为，电解液在隔膜中的渗透速率比在电极中更快，因此，电解液的流动过程应该是先渗透到隔膜，随后穿过隔膜渗透到电极中。

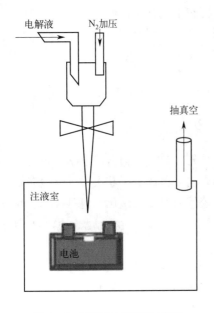

图 4-16　真空加压注液示意图

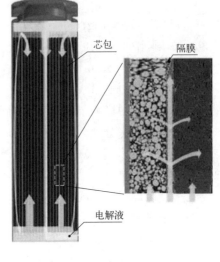

图 4-17　电解液浸润示意图

在电极中，三个或四个大的活性物质颗粒之间形成较大的孔腔，而孔腔之间通过两个平行颗粒之间的狭长通道连通，电解液先在孔腔内汇聚，然后扩散到附近的喉部。因此，电解质的润湿速率主要受连通孔腔之间的喉咙和孔腔体积控制。如图 4-18 所示，α 孔腔由四个颗粒组成，与周围孔腔通过四个喉道连通，β 孔腔由三个颗粒组成，与周围孔腔通过三个喉道连通。

对于电解液的毛细管运动，其理论最大流速 $v_{max}$ 可用下式表示：

$$v_{max} = \frac{d^2 \Delta p}{16 \eta l} \qquad (4-2)$$

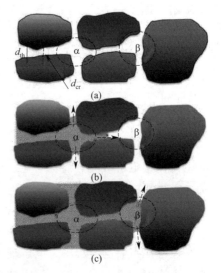

图 4-18　电极内孔腔结构示意图

式中　$d$——管直径，cm；

$l$——管长度，cm；

$\Delta p$——压力差，kgf/cm$^2$（1kgf/cm$^2$ = 98.0665kPa）；

$\eta$——运动黏度，m$^2$/s。

因此，增大压力差 $\Delta p$ 和管直径 $d$ 有助于提高浸润速率。

电解液浸润就是在电极孔隙内驱赶空气的过程，由于孔隙结构的尺寸和形状随机分布，往往会出现电解液浸润速率不同，从而导致空气聚集在集流体附近，被四周的电解液包围，陷在电极中，电解液浸润饱和程度总是小于 1。几乎所有大孔隙都填充电解液了，但许多地方都存在着小孔隙，小孔隙代表被固体颗粒包围的空气残留。因此，如何尽量减少这种空气残留就是提高浸润程度的关键。

# 4.4 激活检测工艺流程

后段工序的生产目标是完成化成封装。截至中段工序，电池的电芯功能结构已经形成，后段工序的意义在于将其激活，经过检测、分选、组装，形成使用安全、性能稳定的锂电池成品。后段工序主要流程有化成、分容、检测等。

## 4.4.1 化成

化成即电池第一次充电，阳极上形成保护膜，称为固体电解质中间相层，以实现锂电池的"初始化"，并通过抽真空的方式排出电芯内的气体。它能防止阳极与电解质反应，是电池安全操作、高容量、长寿命的关键要素。电池经过几次充放电循环以后陈化2～3周，剔去微短路电池，再进行容量分选包装后即成为商品。在化成后电解液损失严重的电芯可进行二次注液以补充电解液。化成工艺一般分为三步，即预化成、化成、封口。

**（1）预化成**

电池在预化成时，产生的气体首先以微小气泡形式附着在负极颗粒表面；随着化成的进行，产生的气体量逐渐增多，微小气泡不断长大，开始互相接触和合并长大；随着气体量的进一步增大，气泡持续变大，内部压力 $p_1$ 持续增大，较大的气泡依靠内部压力冲开隔膜与极片的间隙，逐渐在二者间隙处聚集，并向压力较低的极片边缘扩展；当压强 $p_1$ 超过大气压强 $p_0$ 和极片内部孔隙形成的气体流动阻力时，气泡扩展至边缘与大气连通，便形成了稳定的气体逸出通道。此后气体沿着这些通道不断逸出至壳体外。气路形成的过程见图 4-19。

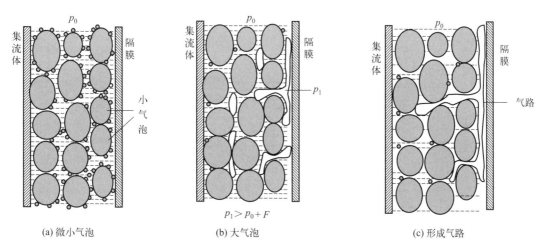

(a) 微小气泡  (b) 大气泡  (c) 形成气路

**图 4-19　化成过程中气路形成示意图**

钢壳和铝壳电池预化成产生的气体会导致电解液体积膨胀溢出，造成电解液损失。软包电池电解液溢出进入气囊，化成后又回到电池中，电解液几乎不会损失。

预化成工艺对 SEI 膜也会产生影响。电流密度大时，形核速率快，导致 SEI 膜结构疏松，与颗粒表面附着不牢。因此，预化成采用小电流密度有利于形成致密稳定的 SEI 膜。

**（2）化成**

主要目的是继续完成化成反应，形成完整的 SEI 膜。此外，对于预化成反应不足的气路或气泡区域，在随后的化成过程中电解液继续润湿这些极片区域，使极片不同部位的化成程度趋于均匀。

**（3）封口**

在化成过程中产生的气体形成的通路会导致极片与隔膜发生分离，导致内部电芯的厚度增加。这种气胀会使电池厚度增加，增加的幅度与电池壳体的强度有关。因此，钢壳电池可以直接封口；铝壳电池需要通过压扁使壳体恢复至设计尺寸后再进行封口；软包电池在化成中需要使用夹具夹紧，防止气路过大导致极片与隔膜分离，化成不均匀，进入气囊的气体采用抽真空方法将其排出，然后进行封口。

## 4.4.2 分容

分容是对电池进行充电放电，检测电池充满时的放电量，来确定电池的容量。只有测试容量满足或大于设计容量的锂电池才是合格的，而小于设计容量的电池不能算是合格的电池。这个通过容量测试筛选出合格电池的过程叫分容。分容时若容量测试不准确，会导致电池组的容量一致性较差。

分容过程中，有些项目需要全检，而有些则为抽检。全检项目包括开路电压、自放电、电池容量、电池尺寸、电池内阻和外观等。抽检包括循环性能、倍率充放电性能、高低温等电性能，以及短路、过充过放、热冲击、振动、刺穿等安全性能。

锂电池分容工艺流程如图 4-20 所示。分容的具体标准见表 4-2。电池的全检项目指标与合格率密切相关，项目指标越严格，电池的合格率就越低，制造成本就越高。

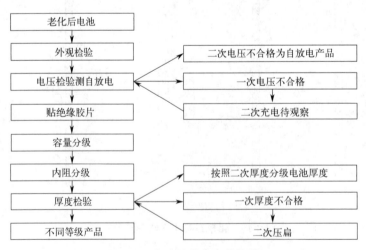

**图 4-20　锂电池分容工艺流程**

以下简述部分影响电池指标的因素。

① 自放电　自放电主要与电池内部的副反应和电池内部的微短路有关。形成内短

路的原因主要为极片表面残留的杂质、极片或极耳边缘的金属毛刺等。测定自放电之前，电池应有足够的老化时间。

表 4-2 锂电池分容标准

| 等级 | | 容量/(mAh) | 时间/min | 内阻/mΩ | 厚度/mm | 外观 |
|---|---|---|---|---|---|---|
| A | A1 | ＞2690 | ＞90 | ≤40 | ≤8.5 | 电池外壳光洁平整，无锈斑污渍、无刮痕、无凹凸变形；上盖封口无偏斜，密封圈无压斜，无漏液 |
| | A2 | 2690～2500 | 90～84 | | | |
| B | | 2500～2380 | 84～79 | 40～60 | ≤8.7 | 电池外壳平整，无严重锈斑污渍、无严重刮痕、无严重凹凸变形；上盖封口无严重偏斜，密封圈无严重压斜，无明显漏液 |
| C | | ＜2380 | ＜79 | ＞60 | ＞8.7 | 电池外壳基本正常，无严重变形、发鼓，密封圈可有压斜但不致造成短路，无严重漏液 |
| D(报废) | | 短路、断路、盖帽脱落、严重变形发鼓及有其他严重缺陷的电池 | | | | |

② 厚度 影响电池厚度的因素主要包括电池极片、隔膜的膨胀以及电池的气胀。形成气胀的主要原因是水分过量和化成工艺不当。不同壳体电池的气胀程度不同，铝壳和软包电池的气胀效果明显。

③ 内阻 影响电池内阻的因素主要有极片成分、厚度、压实密度、极耳的尺寸和位置、焊接情况、电解液注液量等。电池的内阻越小，功率性能就越好。

④ 循环 影响电池循环性能的因素主要有正负极材料活性物质种类、极片压实密度、电解液种类和注液量、水分等。其中，材料是影响循环性能的决定性因素。较好的材料，即使工艺存在差异，性能也不会太差；较差的材料，工艺再合理，循环性能也无法保证。

上述三个制程（电极制造、电芯装配和激活检测），是当前锂电池的标准制造工艺流程。完整的方形锂电池制造工艺流程如图 4-21 所示。

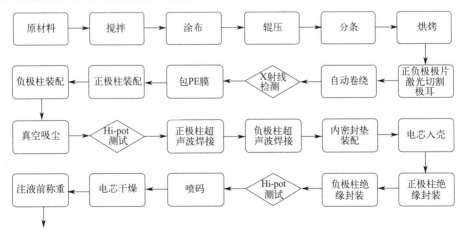

图 4-21

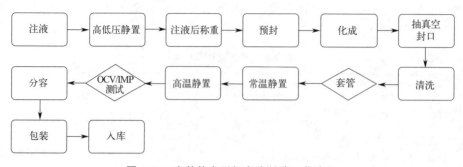

图 4-21 完整的方形锂电池制造工艺流程

Hi-pot—高压短路；OCV—开路电压；IMP—阻抗

# 4.5 其他工艺介绍

## 4.5.1 软包工艺

方形和圆柱形电池的外壳为金属材料，其封装一般采用焊接工艺，如激光焊。而软包电池使用铝塑作为外壳，决定了其独特的热封装工艺。其工艺流程主要由冲坑、顶侧封、预封、夹具整形、二封及后续工序组成。下面简述冲坑、顶侧封、预封和二封工艺。

**（1）冲坑**

软包电芯可以根据客户的需求设计成不同的尺寸。当外形尺寸设计好后，就需要开具相应的模具，使铝塑膜成型。成型工序也叫作冲坑，顾名思义，就是用成型模具在加热的情况下，在铝塑膜上冲出一个能够装卷芯的坑，如图 4-22 所示。

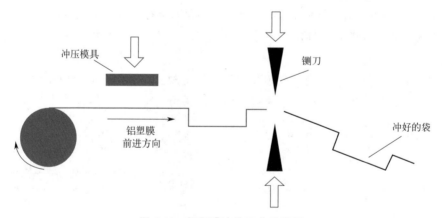

图 4-22 铝塑膜冲坑工艺示意图

铝塑膜冲好并裁剪成型后，称为袋（pocket）。在电芯较薄的时候选择冲单坑，在电芯较厚的时候选择冲双坑，因为一边的变形量太大会突破铝塑膜的变形极限而导致破裂。

**（2）顶侧封**

顶侧封工序是软包锂离子电芯的第一道封装工序。顶侧封实际包含了两个工序，顶封与侧封。首先要把卷绕好的卷芯放到冲好的坑里，然后按顺序沿着虚线将顶面和侧面封装起来，如图 4-23 所示。

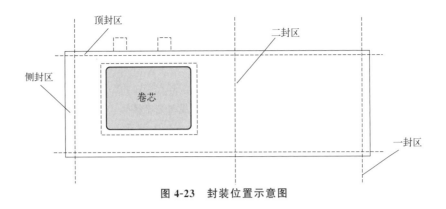

图 4-23　封装位置示意图

**（3）预封**

电芯在顶侧封完成之后，就只剩下气袋那边的一个开口，这个开口就是用来注液的。在注液完成之后，需要马上进行气袋边的预封，也叫作一封。一封封装完成后，电芯内部与外部环境实现隔绝。

**（4）二封**

在注液与一封完成后，首先需要将电芯进行静置，然后化成。化成过程中会产生气体，所以要将气体抽出然后再进行第二次封装（二封）。二封时，首先由铡刀将气袋刺破，同时抽真空，这样气袋中的气体与一小部分电解液就会被抽出。然后马上在二封区进行封装，保证电芯的气密性。最后剪去气袋，一个软包电芯就成型了。

## 4.5.2　模组工艺

模组是介于电芯单体与电池包（PACK）的中间储能单元，指通过将多个电芯串（S）并（P）联，再加上起到汇集电流、收集数据、固定保护电芯等作用的辅助结构件，所形成的模块化电池组。例如，把 2 组各由 24 个电芯串联而成的小单元并联起来，得到的就是共包含 48 个电芯的 2P24S 模组。

简单来讲，模组段的工艺流程，就是把多个电芯跟框架结构、电池连接系统、绝缘组件等各种零部件连接组装到一起，再加上各种检测管理系统，如电池管理系统（BMS）、电池热管理系统（BTMS）等。不同类型的电芯组成的模组结构不同，工艺流程也有着较大差异。

**（1）方形电芯模组**

方形电芯是现在动力电池市场中的主流，其外壳强度大，形状方正规整，成组效率高且工艺相对简单。其结构和工艺流程如图 4-24 和图 4-25 所示。圆柱形电芯模组与方形电芯模组类似。

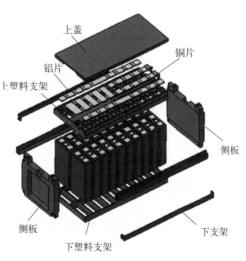

图 4-24　方形电芯模组结构示意图

图 4-25 方形电芯模组常见工艺流程

**（2）软包电芯模组**

软包电芯没有坚固的金属外壳，不能直接组装成模组，需要先把多个软包电芯和隔热泡棉、冷却板及框架壳体等组件堆叠组装成子模块。子模块的极耳位于侧边，软包电芯模组中各种汇集电流、连接电池的连接系统组件也相应处于模组侧面。然后，便是与方形电芯模组类似的端板、侧板组装焊接，最终形成产品。其结构和工艺流程如图 4-26和图 4-27 所示。

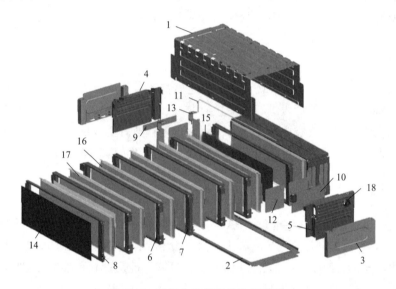

图 4-26 软包电芯模组结构示意图

1—铝合金上盖；2—铝合金底架；3—铝合金端板；4—塑料端盖（高压端）；5—塑料端盖（低压端）；
6—塑料框架（U 形连接片、散热铝板）；7—塑料框架（散热铝板）；8—塑料端框架；9—采集板；10—控制板；
11—FPCB（柔性印刷电路板）连接；12—串联汇流排；13—正负极端子；14—电芯保护层；15—单元隔热层；
16—导热硅胶片；17—高比能电芯；18—外部均衡接口

为了提升锂电池能量密度，简化制程工艺，省去电池模组，直接用电池集成电池包的无模组技术已蔚然成风。比亚迪的刀片电池、宁德时代的麒麟电池、广汽的弹匣电池等，就是其中的代表，如图 4-28 所示。

## 4.5.3 固态电池工艺

固态电池具有不可燃、耐高温、无腐蚀、不挥发的特性，与传统锂电池相比，固态电池最突出的优点是安全性。固态电解质是固态电池的核心，电解质材料很大程度上决定了固态锂电池的各项性能参数，如功率密度、循环稳定性、安全性能、高低温性能以及使用寿命。工作原理上，固态锂电池和传统锂电池最主要的区别在于固态电池电解质

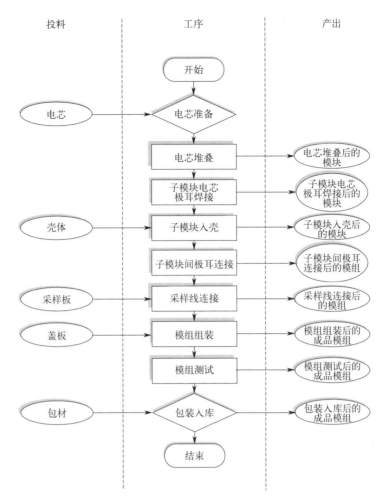

| 投料 | 工序 | 产出 |

开始

电芯 → 电芯准备

电芯堆叠 → 电芯堆叠后的模块

子模块电芯极耳焊接 → 子模块电芯极耳焊接后的模块

壳体 → 子模块入壳 → 子模块入壳后的模块

子模块间极耳连接 → 子模块间极耳连接后的模组

采样板 → 采样线连接 → 采样线连接后的模组

盖板 → 模组组装 → 模组组装后的成品模组

模组测试 → 模组测试后的成品模组

包材 → 包装入库 → 包装入库后的成品模组

结束

图 4-27 软包电芯模组常见工艺流程

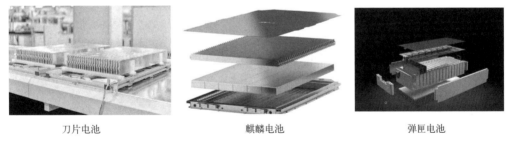

刀片电池          麒麟电池          弹匣电池

图 4-28 新型无模组电池包

为固态，相当于锂离子迁移的场所转到了固态的电解质中。而随着正极材料的持续升级，固态电解质能够做出较好的适配，有利于提升电池系统的能量密度。另外，固态电解质的绝缘性使得其良好地将电池正极与负极阻隔，避免正负极接触产生短路的同时能充当隔膜的功能。

按照电解质材料的选择，固态电池可以分为聚合物、氧化物、硫化物三种体系电解质的电池。其中，聚合物电解质属于有机电解质，氧化物与硫化物属于无机陶瓷电解质；按照正负极材料的不同，固态电池还可以分为固态锂离子电池（沿用当前锂离子电池材料体系，如石墨＋硅碳负极、三元正极等）和固态锂金属电池（以金属锂为负极）。固态电池产业链与液态锂电池大致相似，两者主要的区别在于中上游的负极材料和电解质不同，在正极方面几乎一致，若完全发展至全固态电池，隔膜也完全被替换。

目前，固态电池还处于研发实验阶段，短期内不会批量生产。实验室阶段的硫化物固态电池工艺，其工艺与传统锂离子电池大致类似，最大的区别在于电解质的制备。此外，由于硫化物电解质对水分、氧气的敏感度比较高，对生产环境有更高的要求，需要在更高级别的干燥间内进行生产，最好能在全封闭的充满氩气氛围的条件下生产。同时，考虑到硫化物无机固态电解质膜的柔韧性不佳，目前在电芯制备时更多地采用叠片工艺。

## 思考题

1. 锂电池制造工艺分为哪几段？分段的依据是什么？
2. 简述电极材料的组成及特点。
3. 选择涂布工艺需要考虑哪些因素？
4. 简述卷绕和叠片工艺的区别，它们各有什么优缺点？
5. 为什么需要干燥工艺？真空干燥的原理是什么？
6. 金属外壳和软包电池的工艺有何区别？
7. 电池模组的用途及未来发展趋势是什么？
8. 化成和分容的主要目的是什么？

## 参考文献

[1] 杨绍斌，梁正. 锂离子电池制造工艺原理与应用［M］. 北京：化学工业出版社，2019.

[2] 胡国荣，杜柯，彭忠东. 锂离子电池正极材料原理、性能与生产工艺［M］. 北京：化学工业出版社，2017.

[3] 魏丹. 表面功能化聚合物胶体颗粒在静态条件下的稳定性及团聚行为研究［D］. 广州：华南理工大学，2012.

[4] 蒿豪，杨尘，李佳. 不同分散工艺对锂电池性能的影响［J］. 广东化工，2020，47（14）：60-61.

[5] 欧阳丽霞，武兆辉，王建涛. 锂离子电池浆料的制备技术及其影响因素［J］. 材料工程，2021，49（7）：21-34.

[6] 刘树根. 锂离子电池浆料自动匀浆系统研究［D］. 天津：河北工业大学，2019.

[7] 周芸福. 动力锂电池极片挤压式涂布机头研究［D］. 南京：东南大学，2014.

[8] 林黎明. 动力锂电池浆料狭缝式挤压涂布流场数值模拟研究［D］. 郑州：郑州大学，2021.

[9] 杨时峰，胥鑫，曹新龙，等. 锂离子电池极片涂布和干燥缺陷研究综述［J］. 电源技术，2020，44（8）：1223-1226.

[10] 张俊鹏，黄华贵，孙静娜，等. 锂离子电池极片辊压微观结构演化与过程建模［J］. 中国有色金属学报，2022，32（3）：776-787.

[11] 国思著，朱鹤. 锂电池极片辊压工艺变形分析［J］. 精密成形工程，2017，9（5）：225-229.

[12] 韩磊. 锂电池叠片机张力与纠偏控制技术研究［D］. 哈尔滨：哈尔滨工业大学，2016.

[13] 田文风. 锂电池极片真空干燥工艺仿真及优化［D］. 武汉：华中科技大学，2017.

[14] 王能河，李徐佳，吴显峰，等. 锂电池负极极片涂层干燥过程仿真分析［J］. 电源技术，2020，44（1）：42-44.

[15] 吴显峰. 锂电池 $LiCoO_2$ 正极极片干燥特性研究［D］. 秦皇岛：燕山大学，2020.

[16] 关玉明，李朝，刘纯祥，等. 恒真空度锂电池注液模糊 PID 控制系统研究［J］. 真空科学与技术学报，2017，37（8）：766-771.

# 锂电池制造装备

制造装备是制造工艺系统的核心，直接关系到制造的效率和质量。装备制造是经济社会发展的支柱性、基础性产业，高度发达的装备制造业是实现新型工业化的基础条件，是一个国家综合国力和技术水平的重要体现。

锂电池是战略性新兴产业，其生产制造所需要的设备属于技术含量高、附加值大的高端装备，在锂电池产业链中处于价值链高端和核心环节，决定着整个产业链的综合竞争力。锂电池的工艺流程很长，涉及的装备众多。大力发展锂电池制造高端装备，是推动中国工业转型升级的重要引擎，对我国实现由制造业大国向制造业强国转变具有重要战略意义。

## 5.1 锂电池制造装备概述

如前一章所述，锂电池的制造工艺流程非常长，大致可分为前段电极制造工艺、中段电芯装配工艺、后段激活检测工艺。与之对应，也可将制造装备大致归纳为前、中、后三段，如图 5-1 所示。

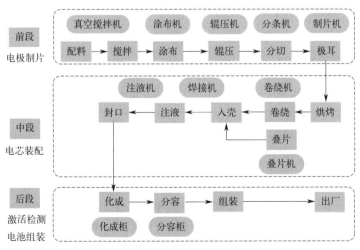

**图 5-1　锂电池制造装备概览**

## 5.2  电极制造装备

锂电池制造前段装备主要有制浆机、涂布机、辊压机、分条机等，下面主要介绍其中最为关键的制浆机、涂布机和辊压机。

### 5.2.1  制浆机

锂电池的电极需要实现良好的电子传输和离子传输，从而要求电极中活性物质、导电剂和黏结剂的分布状态满足一定的要求，即活性物质充分分散，导电剂充分分散并与活性物质充分接触，形成良好的电子导电网络，黏结剂均匀分布在电极中并将活性物质和导电剂黏结起来使电极成为整体。

目前各大电池厂常用的制浆机主要有双行星搅拌机、薄膜式高速分散机、双螺杆制浆机、循环式制浆机等。

**（1）双行星搅拌机**

目前国内外在锂电池的制浆上普遍采用的还是传统的搅拌工艺，通常采用双行星搅拌机。双行星搅拌机的工作原理是使用 2～3 个慢速搅拌桨做公转和自传相结合的运动，使得桨叶的运动轨迹能够覆盖整个搅拌桶内的空间，如图 5-2 所示。

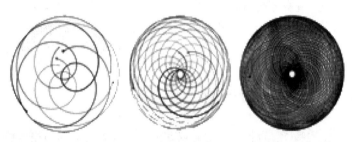

**图 5-2  双行星搅拌机慢速桨的运动轨迹**

随着技术的进步，在原有的慢速桨的基础上又增加了高速分散桨，利用齿盘的高速旋转形成强的剪切作用，可以对已经初步混合好的浆料进行进一步的分散，如图 5-3 所示。

双行星搅拌机的突出优势是能够方便地调整加料顺序、转速和时间等工艺参数来适应不同的材料特性，并且在浆料特性不满足要求时可以很容易地进行返工，适应性和灵活性很强。此外，在品种切换时，双行星搅拌机尤其是小型搅拌机的清洗较为简单。

在双行星搅拌机中，要保证所有物料充分混合和分散需要很长的搅拌时间。早期一批浆料的制备需要 10 多个小时，后来通过工艺的不断改进，尤其是引入干法制浆工艺后，制浆时间可以缩短到 3～4 小时。但由于原理上的限制，双行星搅拌机的制浆时间难以进一步缩短，其制浆的效率比较低，单位能耗偏高。

由于搅拌桶的体积越大，越难达到均匀分散的效果，目前用于锂电池制浆的双行星搅拌机的最大容积不超过 2000L，一批最多能够生产 1200L 左右的浆料。

慢速桨

高速分散桨

**图 5-3　带高速分散桨的双行星搅拌机**

**（2）薄膜式高速分散机**

由于双行星搅拌机的分散能力有限，用于一些难分散的物料如小粒径的磷酸铁锂材料、比表面积很大的导电炭黑时，难以达到良好的分散效果，因此需要配合使用一些更高效的分散设备。日本的 PRIMIX 公司推出的薄膜式高速分散机 FILMIX 就是一种性能优良的浆料分散设备。它的工作原理是浆料从下部进入分散桶后，随分散轮一起高速旋转，浆料在离心力作用下被甩到分散桶的内壁上形成浆料环。浆料在离心力作用下会高速脱离分散轮外壁，并撞击分散桶壁，同时在轮壁表面瞬间形成真空，促使浆料穿过分散轮上的分散孔，形成图 5-4 所示的运行轨迹。

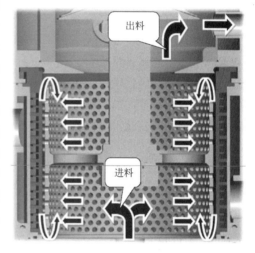

出料

进料

**图 5-4　浆料在薄膜式高速分散机中的运行轨迹**

由于分散轮与桶壁之间的间隙只有 2mm，当分散轮高速旋转（线速率可达 30~50m/s）时，浆料在这个小间隙里会受到均匀且强烈的剪切作用。浆料在分散桶内的滞留时间约 30s，在此期间，浆料在分散机中不断循环运动并被剪切分散，因此能够达到理想的分散效果。图 5-5 是通过仿真计算得到的双行星搅拌机和薄膜式高速分散机中浆料受到剪切作用的强度和频率的对比，从图中可以明显地看到，双行星搅拌机中只有在搅拌桨的端部区域浆料才会受到强的剪切作用，导致浆料受到高剪切作用的频率很低，而薄膜式高速分散机中浆料在整个区域内都能受到强的剪切作用，使得浆料受到高剪切作用的频率很高，从而大幅度提高了浆料的分散效果和效率。

需要指出的是，这种薄膜式高速分散机不能单独用来制浆，需要先用双行星搅拌机等设备对粉体和液体原料进行预混得到浆料之后才能用它来进一步分散，因此这种设备的应用有一定的局限性，通常与双行星搅拌机配合应用于难分散材料的制浆。

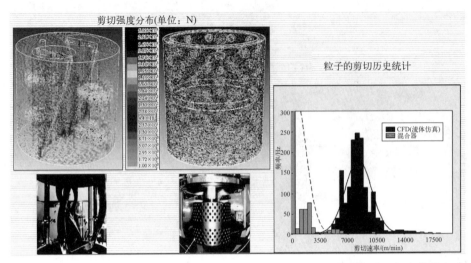

**图 5-5　薄膜式高速分散机和双行星搅拌机中浆料受到剪切作用的强度和频率的对比**

### (3) 双螺杆制浆机

双螺杆挤出机原本被广泛应用于塑料加工等行业,适用于高黏度物料的混合和分散。德国布勒将这种设备引入了锂离子电池的制浆领域,通过在螺杆的不同部位投入粉体和液体来连续地制备出浆料。具体过程是先将活性物质和导电剂的粉体投入螺杆的最前端,然后在螺杆的输送作用下向后端移动,然后在螺杆的后续部位分多次投入溶剂或者胶液,并在各种不同的螺杆元件的作用下实现捏合、稀释、分散、脱气等工艺过程,到了螺杆的最末端,输出的就是成品浆料,整个过程如图 5-6 所示。

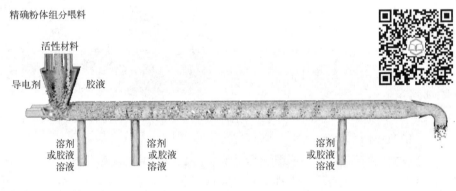

**图 5-6　双螺杆制浆机的制浆过程示意图**

在双螺杆制浆机中,浆料的分散主要是在啮合阶段完成的,这一阶段浆料的黏度高,在螺杆元件作用下产生强烈的剪切作用,从而实现浆料的高效分散。浆料在啮合元件作用下的运动情况及受到的剪切作用如图 5-7 所示。

由于双螺杆机的制浆过程是将粉体和液体原料在连续投料的过程中进行混合,大大提高了宏观混合的效率,加上啮合元件对高固含量、高黏度浆料进行高强度的剪切分散,大幅度提高了分散效率,因此双螺杆制浆机具有效率高、能耗低的显著优势。

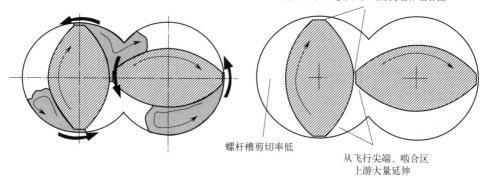

高剪切率，纯剪切在飞行尖端和啮合区

螺杆槽剪切率低

从飞行尖端、啮合区
上游大量延伸

**图 5-7　浆料在双螺杆中的运动及受到的剪切作用**

　　但是双螺杆制浆机用于锂电池的制浆也有一些明显的短板。首先，由于双螺杆制浆机的螺杆很长，如果需要减小磨损和延长停留时间，转速就不能太快，通常螺杆元件端部的线速率在 2～3m/s 之间。在这种较低的线速率下要产生很强的剪切作用，减少浆料残留，就需要把螺杆元件之间以及螺杆元件与筒壁之间的最小间隙控制得很小，目前双螺杆制浆机中这个最小间隙在 0.2～0.3mm。这么小的间隙对加工和安装的精度要求很高，也容易造成螺杆元件的磨损，而磨损下来的金属异物可能会对锂离子电池产品造成严重安全隐患。此外，双螺杆制浆机的连续制浆模式要求粉体和液体原料必须精准地进行动态计量，保证所有粉体和液体的给料流量准确且稳定，一旦某种原料的给料流量出现波动，就会导致浆料中的原料配比出现波动，这种波动一旦超出范围，就会造成一部分浆料的报废，甚至给后续工序造成不可预料的损失。因此，这种连续式制浆系统必须配备高精度的原材料动态计量和给料系统，这会导致整套系统的成本显著升高。在实际生产中，为了防止瞬间的给料流量出现波动导致异常，通常会在双螺杆挤出机的后面配备一个大的带搅拌的缓存罐，用于将双螺杆挤出机制备出来的浆料进行一定程度的均匀化，消除给料流量的瞬间波动造成的影响，但这种做法某种程度上使得整套系统接近批次式制浆系统。此外，双螺杆制浆机对原材料的品质波动敏感，一旦原材料的品质波动导致浆料参数不合格时，无法进行返工处理。而且在品种切换时，可能需要改变一部分螺杆元件来适应新的材料和配方，导致适应性较差。

　　**（4）循环式制浆机**

　　循环式制浆机结合了连续式制浆系统和批次式制浆系统的优势，采用批次计量、连续投料制浆、循环分散的方式来实现浆料的高效制备和整批浆料的均匀分散，已在部分动力电池厂得到应用。

　　图 5-8 为尚水智能研发的循环式制浆机的基本结构。其基本工作原理是先将粉体混合好后通过粉体加料模块按设定的流量连续投入制浆机中，粉体在制浆机排料形成的负压条件下脱出部分气体，并且被高速旋转的粉体打散装置打散成烟雾状，然后被吸入快速流动的液体中，被浸润并被分散到液体中。浆料在向下流动进入叶轮下部的分散模块时，受到高速旋转的叶轮与固定在腔体上的定子构成的定转子结构的强烈剪切作用，达到良好的分散状态，并被叶轮加速后通过设置在切向方向的出料口排出。

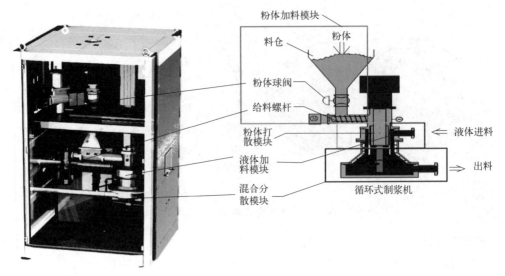

图 5-8 循环式制浆机的基本结构

循环式制浆机的制浆流程如图 5-9 和图 5-10 所示。

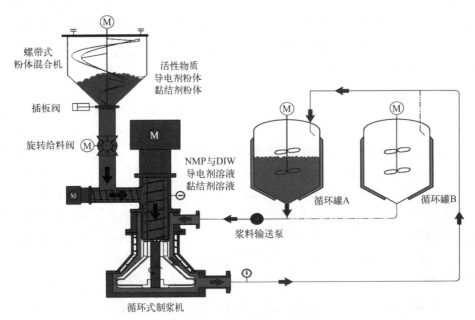

图 5-9 循环式制浆系统的粉液混合阶段的示意图

NMP—N-甲基吡咯烷酮；DIW—去离子水

① 将活性物质、导电剂等粉体在粉体混合机中进行预混合，同时将液体投入循环罐 A 中搅拌均匀。

② 通过浆料输送泵将循环罐 A 中的液体输送到循环式制浆机，从循环式制浆机排出的液体再回到循环罐 A，液体在循环罐与循环式制浆机之间不断循环。与此同时，粉体通过给料装置连续输送到循环式制浆机，与快速流动的液体混合并被分散到液体中，形成的浆料被排出到循环罐 A。随着粉体的不断投入，循环罐 A 中浆料的固含量不断

提高，直至所有粉体都投入液体中，此时浆料的固含量达到最大值。

③ 通过浆料输送泵将循环罐 A 中的浆料输送到循环式制浆机，分散后的浆料排出到循环罐 B，当循环罐 A 中的浆料排空后，再将循环罐 B 中的浆料输送到循环式制浆机，然后排出到循环罐 A，如此浆料在循环罐 A 和循环罐 B 之间来回循环，每次循环都让全部浆料依次通过循环式制浆机，直至浆料充分分散且黏度满足要求。

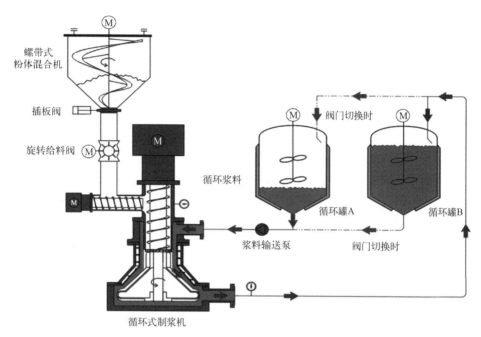

**图 5-10　循环式制浆系统的循环分散阶段的示意图**

循环式制浆机通过将粉体打散后与快速流动的液体相混合的方式大幅度提高了粉液接触面积，从而显著提高了粉体的润湿速率。通过采用高剪切强度的定转子分散模块大幅度提高了分散效果和效率，使得循环式制浆机的效率显著高于传统的双行星搅拌机，与薄膜式高速分散机相当。同时，循环式制浆机采用批次计量的方式，浆料组成和品质容易控制，并且能够通过改变转速、流量和循环次数等工艺参数的方式来适应各种材料和配方，其适应性与双行星搅拌机相当，显著优于双螺杆制浆机。此外，循环式制浆机本身的结构简单，配套的计量和给料系统也很简单，整套系统的成本较双螺杆制浆机有明显优势。循环式制浆机与双行星搅拌机以及双螺杆制浆机的比较见表 5-1。

**表 5-1　循环式制浆机与双行星搅拌机及双螺杆制浆机的比较**

| 项目 | 双行星搅拌机 | | 双螺杆制浆机 | | 循环式制浆机 | |
|---|---|---|---|---|---|---|
| 制浆方式 | 批次 | | 连续 | | 半连续 | |
| 给料方式 | 批次 | | 连续 | | 连续 | |
| 计量方式 | 批次 | | 连续 | | 批次 | |
| 分散容积 | 大 | | 小 | | 小 | |
| 制浆效果 | 良 | 分散容积大,局部分散效果受概率影响,均匀性不够好 | 良 | 分散容积小,浆料的均匀性好,但制浆时间过短可能影响浆料的稳定性 | 优 | 分散容积小,浆料的均匀性好 |

| 项目 | | 双行星搅拌机 | | 双螺杆制浆机 | | 循环式制浆机 |
|---|---|---|---|---|---|---|
| 适应性 | 优 | 品种切换容易,返工容易 | 差 | 品种切换困难,无法返工 | 良 | 品种切换较容易,但管道清洗需要一定工时,返工容易 |
| 维护保养 | 差 | 设备大,传动机构较复杂,维护保养成本较高 | 差 | 设备复杂,维护保养成本较高 | 良 | 设备小,结构简单,维护保养成本较低 |
| 能耗 | 高 | 功率大,制浆时间长,能耗高 | 低 | 制浆时间短,能耗低 | 低 | 制浆时间短,能耗低 |
| 设备投资 | 大 | 设备大,单机产能有限,投资大 | 大 | 设备复杂,计量和给料精度要求高,投资大 | 小 | 设备简单,单机产能大,投资小 |
| 占用空间 | 大 | 设备大且单机产能有限,占用空间大 | 小 | 单机产能大,占用空间较小 | 小 | 设备小且单机产能大,占用空间小 |

传统的搅拌机到目前为止仍然是制浆设备的主流,它的优势在于很强的适应性,特别适用于品种切换频繁且批量不大的锂电池的生产。但是在品种切换不那么频繁且批量大的动力电池制造领域,搅拌机的单机产能低、能耗高的劣势使得它将被新的分散效率更高的制浆设备逐步取代。循环式制浆机逐渐被高端动力电池厂商接受并采用就说明了这一点。另外,研究新型分散剂,减少对强力分散设备的依赖也是行业未来发展的方向之一。

## 5.2.2 涂布机

极片涂布设备的用途,是将混合好的正极或负极浆料,均匀涂覆或附着在铝箔或铜箔的正反面,然后通过干燥加热将浆料中的溶剂挥发,使固体物质黏附于基材上,以满足客户的技术要求。设备通常由放卷单元、涂布单元(含供料系统)、干燥单元、出料单元、收卷单元等组成。

如前一章所述,极片涂布的工艺方法很多,目前在锂电池极片中大规模使用的是刮刀涂布和狭缝涂布。

图 5-11 为逗号刀逆向转移涂布原理示意图。通过调整涂布辊与逗号刮刀之间的间隙大小将浆料附着在涂布辊上,再通过调节背辊和涂布辊之间的间隙大小将涂布辊上的浆料全部转移到基材上。

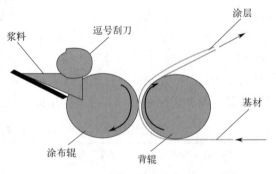

图 5-11 逗号刀逆向转移涂布原理示意图

狭缝涂布原理如图 5-12 所示。这是一种高精度的预定量涂布方式,将牛顿流体或非牛顿流体浆料用计量泵供给狭缝模头后均匀涂覆在基材表面,其中涂布厚度大小计算公式为:

$$涂布厚度 = \frac{计量泵流量}{涂布宽度 \times 涂布速度}$$

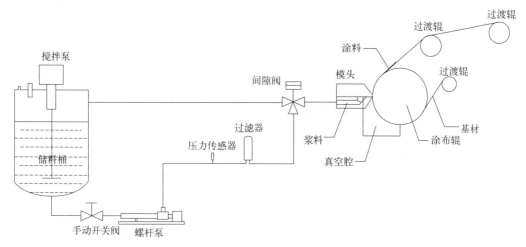

**图 5-12　狭缝涂布原理示意图**

下面以国内某公司生产的高精密全自动狭缝涂布机为例，介绍涂布机的结构、组成和工作原理。如图 5-13 所示，该设备共由放卷单元、涂布系统（含供料系统）、干燥单元、出料单元、收卷单元五部分组成。

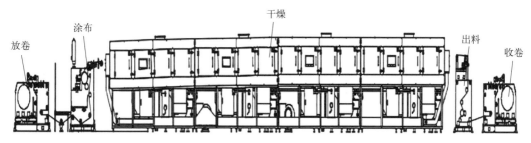

**图 5-13　涂布机单元构成**

**（1）放卷单元**

放卷方式有自动接带方式和手动接带方式两种，图 5-14 是手动接带放卷单元示意图。待生产的成卷材料安装于放卷轴上，经过纠偏及张力控制后，导入涂工部分。该装置的主要控制点为放卷纠偏及张力。

纠偏由专用的电子功率控制（EPC）单元实现，采用超声波位置检测传感器（可实现对透明箔材的检测）实时检测材料边缘的位置，通过电机驱动放卷装置左右移动，以适合材料的边缘与纠偏传感器的相对位置恒定。纠偏模式分为全自动、半自动和手动三种模式。

张力分为浮辊位置控制及实际检测张力两部分。浮辊位置控制原理为：当系统自动运行时，可编程逻辑控制器（PLC）根据电位器反馈实时的浮辊位置信号（0%～100%），采用比例-积分-微分（PID）算法调节放卷轴电机的转速，以实现浮辊位置恒定。实际检测张力的控制可分为三种调节模式，即手动设置电空变换阀的输出比例、开环给定电空变换阀、闭环给定电空变换阀。其中，系统自动运行后，会清除手动状态，切换到自动调节模式。在闭环给定模式下，控制系统会根据实测的张力值及设定的张力

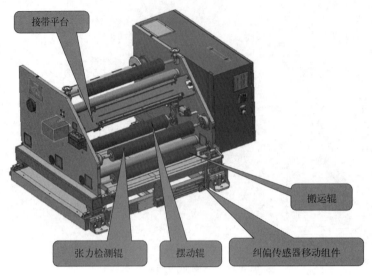

图 5-14　手动接带放卷单元示意图

值进行 PID 调节，直到实测值与设定值一致。需要注意的是，仅当浮辊实际位置与设定位置的偏差在±20％以内时，闭环给定模式才起作用。

**（2）涂布系统**

该系统主要由涂布单元和供料单元组成。其中，涂布单元是系统的核心，其结构如图 5-15 所示。由放卷导入的材料进入涂布辊后，经过入料压辊进行张力隔离（放卷张力与出料张力隔离），再由涂布辊最后导出到干燥炉内。该装置的主要控制点为整机速率的稳定性、模头与背辊之间的缝隙值。整机的线速率由背辊控制。

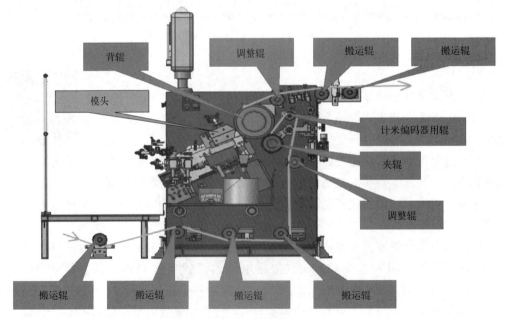

图 5-15　涂布单元

模头是狭缝涂布的重要部件，是决定涂布精度的关键因素之一。狭缝模头的结构如

图 5-16 所示。

模头的设计要综合考虑以下几个方面的因素：a. 根据浆料的流变参数进行流道型腔计算和仿真；b. 上下模唇的平面度和直线度要求；c. 模头材料尽可能选用不锈钢；d. 使用过程中防止金属异物的产生；e. 方便拆卸和清洗。

模头与背辊之间的位移由两个驱动单元控制。大范围移动（前进、后退）通过气缸实现，精确定位则由左右两侧的伺服马达驱动，内置高精度光栅尺，分辨率为 $0.1\mu m$。

涂布系统还需要供料单元进行供料，其组成结构如图 5-17 所示。供料系统包含储料罐、计量泵、除铁器、过滤器及连接的管道。涂布前，先将浆料加到储料罐中。在涂布开始后，储料罐里的浆料在计量泵的作用下，经过连接

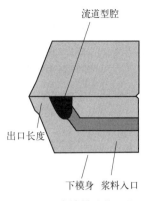

**图 5-16 狭缝模头的结构**

的管道、除铁器及过滤器进入涂布单元进行涂布。储料罐中的浆料量由液位传感器检测控制。

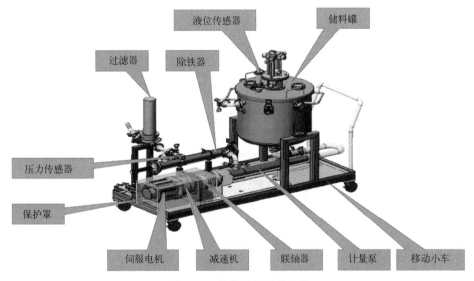

**图 5-17 供料单元组成结构**

### （3）干燥单元

干燥单元的结构如图 5-18 所示，由涂布单元生产的含有液态溶剂成分的浆料和箔材一起进入干燥炉内，为了安全有效地蒸发掉溶剂，需要控制各段干燥炉的温度、送风量、排风量等。单节温控系统由加热和循环风机组成。风机由变频电机驱动，可通过频率的设定改变风量及风速。通过传感器检测控温点温度变化实现加热温度的恒定控制以保证干燥的质量。在保证安全的前提下，有时会使用辅助加热系统来提高效率，例如红外（IR）或者激光加热。

### （4）出料单元

干燥后的箔材运送到出料装置。由出料装置控制干燥炉内的张力及箔材边缘位置。该装置的主要控制点为干燥区域纠偏及张力。出料张力由电机转速控制，根据目标张力

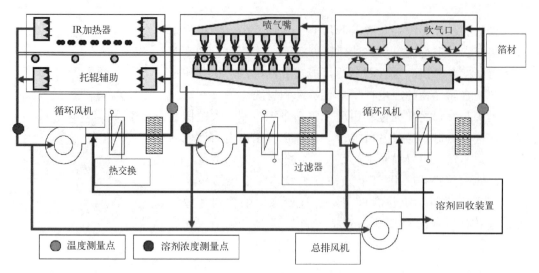

图 5-18　干燥单元的结构

和实测张力进行 PID 运算，并调节出料电机的转速，以此达到张力恒定的效果。图 5-19 为出料单元的结构。

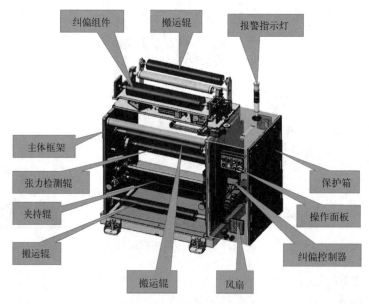

图 5-19　出料单元的结构

### (5) 收卷单元

收卷方式有自动接带方式和手动接带方式两种，图 5-20 所示是手动接带收卷单元的结构。

生产完成的卷材经过纠偏及张力控制后，导入收卷轴。该装置的主要控制点为收卷纠偏及张力。在收卷过程中，为了使箔材层与层之间不打滑，防止材料收卷时过紧或者出现抽芯现象，需要对收卷张力进行锥度调节。

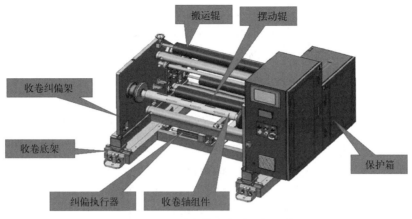

搬运辊　摆动辊

收卷纠偏架

收卷底架

纠偏执行器　收卷轴组件

保护箱

图 5-20　手动接带收卷单元的结构

### 5.2.3　辊压机

辊压是指将涂布并烘干到一定程度的锂电池极片进行压实的工艺过程。极片辊压后能够增加锂电池的能量密度，并且能够使胶黏剂把电极材料牢固地粘贴在极片的集流体上，从而防止电极材料在循环过程中从集流体上脱落而造成锂电池能量的损失。锂电池极片在辊压前，必须将涂布后的极片烘干到一定的程度，否则在辊压时会使涂层从集流体上脱落。在辊压时还要控制极片的压实量，压实量过大会对集流体附近的电极材料造成影响，使其不能正常脱嵌锂离子，并且还会使活性物质互相紧密地黏结在一起，而容易从集流体上脱落。严重时，还会使极片的塑性过大，从而造成辊压后的极片不能进行卷绕，发生断裂的现象。

电池极片辊压设备造成的极片质量问题主要体现在辊压后极片厚度的均匀性。厚度的不一致导致电池极片压实密度的不一致，压实密度是影响电池一致性的关键因素。极片厚度均匀性包括横向厚度均匀性和纵向厚度均匀性，如图 5-21 所示，导致横向厚度不均匀性和纵向厚度不均匀性的原因不同。极片横向厚度不均匀性的主要影响因素为：轧辊弯曲变形、机座的刚度、主要受力件的弹性变形、辊压力、极片宽度等。轧机工作时，由于辊压力的作用，使得轧辊和机座等受力件变形，最终表现为轧辊的挠度变形，使极片在横向出现中间厚两边薄的现象。极片纵向厚度不均匀性的主要影响因素为：轧辊、轴承、轴承座等的加工精度以及安装精度。关键工件的加工误差会使轧辊转动时作用在极片上的辊压力出现周期性浮动，使极片纵向出现压实厚度不均匀现象。

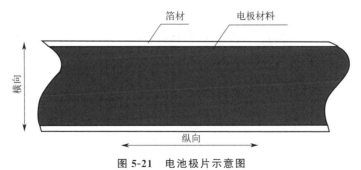

箔材　电极材料

横向

纵向

图 5-21　电池极片示意图

影响极片辊压质量的因素还有张力控制装置、纠偏装置、切片装置、除尘装置等。在辊压过程中，极片需要有一定的张紧力，张紧力过小，极片容易出现褶皱，张紧力过大，极片容易被拉断。除尘装置可以保证在辊压时，极片表面不会出现因杂质引起的表面缺陷。纠偏装置和切边装置主要是影响极片的切割尺寸精度。

**（1）辊压机基本结构**

电池极片辊压机主要包括机械主体、液压系统、电气控制系统等。标准机型辊压机结构示意图如图 5-22 所示，该辊压机主要由机架、轧辊、主传动等部分组成。机架为整个系统的基础，需要有足够的刚度和强度，以减小变形。液压装置通过轴承座将辊压力施加到轧辊上，电机和减速机使两轧辊实现同步转动，为轧辊提供扭矩，保证连续辊压过程的实现。

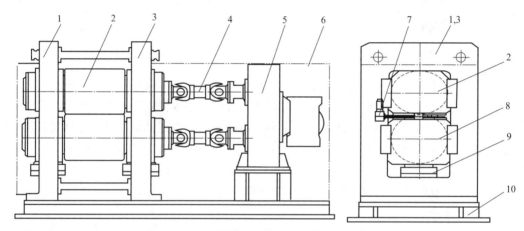

**图 5-22　标准机型辊压机结构示意图**

1—左机架；2—上辊系；3—右机架；4—万向联轴器；5—双输出轴减速机分速器；
6—护罩；7—辊缝调整机构；8—下辊系；9—液压缸；10—底座

液压系统主要是由冷却循环系统、阀控缸动力元件、伺服缸有杆腔油压控制阀组、平衡缸压力控制阀组、油箱及其他辅助元件组成。系统油源采用恒压变量泵比采用定量泵加溢流阀的方式节能。伺服液压缸的无杆腔连接伺服阀，辊压过程中有杆腔通过减压阀、溢流阀和蓄能器的组合保持一个恒定低压。上、下轴承座之间有四个柱塞缸，通过减压阀和溢流阀的组合保持恒压以平衡上辊系的重量。

电气控制系统主要由低压供电系统、信号测量反馈系统、信号处理显示控制系统和控制信号的转换放大系统组成。低压供电系统主要是一些直流电源，分别给位移传感器、液压伺服放大器、滤波器、液压阀电磁铁等供电。信号测量反馈系统主要是位移传感器和压力传感器，用于检测液压伺服缸的位置和系统中各个部分的油压。信号处理显示控制系统主要是由 PLC 和触摸屏组成。可以在触摸屏上组态一些控制按钮和显示功能，以控制轧机动作，实时显示轧机运行参数。PLC 主要完成模数-数模转换、位移反馈信号的高速计数、压力闭环和位置闭环控制、泵站控制等。控制信号的转换放大系统主要是指液压伺服放大器，用于将 PLC 输出的电压控制信号转换为直接控制伺服阀的电流信号。

**（2）辊压机的分类**

① 按轧辊形式划分　根据客户不同工艺要求，辊压机主机轧辊分为有弯辊和无弯辊两种形式，如图 5-23 所示。无弯辊（标准机型）结构轴承座内部设有消除主轴承径向游隙及轴向定位机构。有弯辊结构通过弯辊缸消除主轴承径向游隙及减小或消除辊面挠度变形。在辊压极片宽度尺寸相对较窄、辊压机辊面宽度与辊面直径比接近 1∶1、辊压极片时的挠度变形量可忽略不计的情况下，推荐使用不配弯辊的标准机型。在辊压极片宽度尺寸相对较宽、辊压机辊面宽度与辊面直径比大于 1.2∶1、辊压极片时的挠度变形量大于 $0.5\mu m$ 的情况下，推荐使用配有弯辊的机型。

(a) 无弯辊结构　　　　　　　　(b) 有弯辊结构

**图 5-23　按轧辊形式划分辊压机结构**

② 按驱动方式划分　按驱动方式划分可以分为单电机驱动结构和双电机驱动结构，如图 5-24 所示。单电机驱动结构采用驱动电机—减速机—分速箱—万向联轴器—轧辊传动形式，通过分速箱实现轧辊机械同步。双电机驱动结构采用驱动电机—减速机—万向联轴器—轧辊传动形式，采用同步电机通过电控实现轧辊机械同步。辊压机驱动转矩与辊压速率、辊面宽度、辊间压力成正比，在辊面宽度、辊间压力变化不大的情况下辊压速率越大，需要的驱动转矩越大，电机功率越大。辊压机在高速、需要电机功率较大时可采用 2 台同步电机驱动。

(a) 单电机驱动机构　　　　　　　　(b) 双电机驱动机构

**图 5-24　按驱动方式划分辊压机结构**

③ 按施压方式划分　按施压方式划分可以分为机械螺杆压紧结构和液压油缸压紧结构，如图 5-25 所示。机械螺杆压紧结构设备主要通过设定辊缝值使轧辊在极片上加载压力，没有额外的加压装置。因此，一般情况下实际压力比较小，辊压极片压实密度受到限制。液压油缸压紧结构液压缸安装于下辊系两端的轴承座下部，置于口字形机架内部下面，采用柱塞缸向上顶起施压，在柱塞缸的作用下，实现下辊系向上移动并施加辊压力。通过顶紧液压缸施压，压力稳定，可以施加较大的压力，是目前主流使用的施压方式。

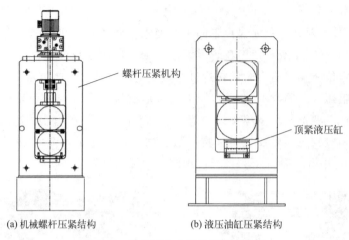

(a) 机械螺杆压紧结构        (b) 液压油缸压紧结构

图 5-25   按施压方式划分辊压机结构

### (3) 热辊压机

在国内，大多锂电池极片辊压机在常温下对极片进行辊压，在辊压过程中，极片的反弹率大，可在对极片辊压前，先把极片加热至一定的温度，再进行辊压，这样做的目的在于：对极片进行干燥处理，减少里面的水分；降低极片在辊压后的反弹率；可消除极片经辊压后留存的一部分内应力；经过加热后，极片上的胶黏剂受热软化或处于熔融状态，经过辊压后，可增强活性物质与集流体之间的黏结强度，有利于提高活性物质吸液量。

为加热极片，在辊压前设一个加热箱对极片进行加热。先将加热箱内的空气加热，通过热空气加热极片，加热效率低。国内现在应用较广泛的是热辊压机，即先对热辊压机的轧辊进行加热，利用加热后的轧辊对锂电池极片进行辊压。加热轧辊主要采取的方式分为从轧辊外部加热和从轧辊内部加热两种，主要的几种加热方法如下所述。

① 利用电磁感应从外部加热轧辊   在轧辊外部设有感应圈，当感应圈接通电源后，电磁感应会在轧辊内部产生涡流，由此加热轧辊。这种加热轧辊的方式具有能耗低、热转换率高、在辊压过程中可以精确控制轧辊表面温度等特点。此加热方式存在若干不足，如造价高、在轧辊圆周不易布置电线路等。

② 外设加热箱加热轧辊   加热箱布置在轧辊的上方或者下方，通过外部高温对轧辊进行烘烤，以空气作为传热介质，将热量传递到轧辊工作面上，达到加热轧辊的目的。但是这种加热方式存在轧辊工作面的温度不易控制的问题。轧辊工作面的温度分布不均匀，局部高温对轧辊有伤害，耗能大，能量损失大。

③ 利用电阻丝等电子元件从内部加热轧辊   一般是采用管状电热元件或者电阻丝，插入工作辊或者支撑辊内部，通过轧辊的一端接通电源，加热轧辊。此种加热方式具有不损害轧辊外部结构、简单易行、设备简单等特点。其加热方式是先加热轧辊芯部，热量从芯部通过热传导传递至轧辊工作面。中间先热的方式，增加了加热过程中轧辊的热应力，对于直径较大的轧辊，热量传递时间长，轧辊工作面温度调整不灵敏，调整周期长，而且在轴承处形成局部高温，造成润滑困难。

④ 利用导热油加热轧辊   利用导热油加热轧辊是目前国内外采用比较多的一种加

热方式。在轧辊内部开有导热油油道，通过旋转接头，将加热后的导热油通入轧辊内部，通过热传导加热轧辊。导热油可在200℃下稳定工作，此种方法安全、环保、噪声小，且导热油循环系统中工艺温度精度高，易于控制导热油的进口温度。再通过控制进口处导热油的流量，使导热油与轧辊发生强制对流换热，增大导热油与轧辊之间的对流换热系数，增加两者之间的换热量，使轧辊表面保持在一个恒定的温度范围内，且具有较好的均匀性，可以满足大多数轧辊的温度要求。轧辊加热过程示意图如图5-26所示。

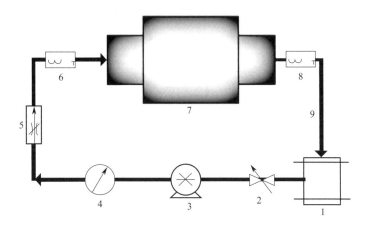

图5-26　轧辊加热过程示意图

1—加热油箱；2—闸阀；3—泵；4—压力表；5—流量控制装置；

6—热电偶Ⅰ；7—热轧辊；8—热电偶Ⅱ；9—配油管道

在轧辊的加热过程中，轧辊的表面温度与加热条件和导热油属性相关。加热过程所使用导热油的属性确定之后，轧辊辊面温度与轧辊流道内的导热油流速及温度紧密相关。

极片的种类不同，对轧辊的要求也不尽相同，极片的性质决定了轧辊辊面的最适宜温度。极片的热轧工艺并无统一加热标准，一般通过实际经验得出，各厂家根据自己的产品要求，对辊压系统进行设置。热轧辊辊面温度的设置，还需要考虑轧辊材料物性与极片辊压工艺，温度既要满足极片质量的要求，也要考虑轧辊能够承受的应力及形变。

导热油加热轧辊系统具备扰动少和热惯性较大等特点，属于严重滞后系统，当改变导热油的油温和流量时，需要等待较长时间，轧辊辊面温度才会达到相对稳定。在生产过程中，不能直接准确地测量辊面的温度，只能测得导入和导出导热油的温度和流量，此系统为非线性系统，难以实现自动控制。因此，在实际应用中，由于设备使用的环境稳定，往往设定好输入后，便不再轻易更改，保证极片的质量和生产进度。

利用导热油加热的轧辊主要有两种油道结构：中通型和周边打孔型。中通型轧辊剖视图如图5-27所示。中通型结构是在轧辊的芯部加工一个通孔，将导热油从轧辊的一端导入，另一端导出，温度从轧辊的芯部传递至辊面。此结构具备结构简单、加工容易、成本低等特点，但能耗较大，需将整个轧辊加热，不易控制辊面温度。

周边打孔型结构在轧辊的芯部加工有中心孔，在轧辊的四周加工有横向通孔，导热油从轧辊的从动端进入，也从轧辊的从动端流出。此结构能使导热油在轧辊内部保留时间较长，辊面温度分布均匀性较好，加工较为容易，由于横向油道距辊面距离较短，能快速调整辊面温度。图5-28为热辊压机周边打孔型轧辊剖视图。

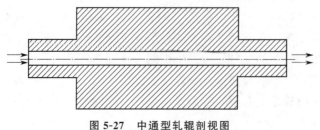

图 5-27　中通型轧辊剖视图

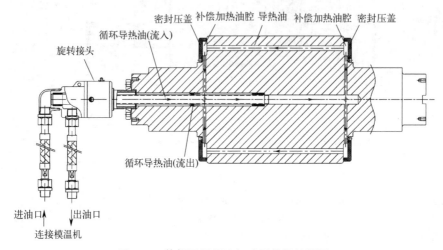

图 5-28　热辊压机周边打孔型轧辊剖视图

# 5.3　电芯制造装备

中段设备主要负责电芯的装配，在此工序内完成正极片、负极片的极耳成型，再将极片与隔膜卷绕/叠片形成电芯，最后入壳注液封盖。这一段的主设备包括极耳成型设备、卷绕设备和叠片设备、干燥设备、注液设备、密封焊接设备等。

## 5.3.1　卷绕机/叠片机

### 5.3.1.1　卷绕机

锂电池卷绕机是用来卷绕锂电池电芯的，是一种将电池正极片、负极片及隔膜以连续转动的方式组装成芯包的机器。卷绕机是电芯制造的关键设备之一。

**（1）卷绕机分类**

依据卷绕芯包的形状类型不同，卷绕设备主要分为方形卷绕和圆柱形卷绕两大类（图 5-29）。方形卷绕可以细分为方形自动卷绕机和方形制片卷绕一体机两类，方形卷绕出来的电芯主要用来制作动力/储能方形电池、数码类电池等。

依据卷绕机的自动化程度可以划分为手动、半自动、全自动和一体机等类型。按照制作的芯包大小可以划分为小型、中型、大型、超大型等（表 5-2）。

(a)方形制片卷绕一体机

(b)圆柱形自动卷绕机

(c)方形自动卷绕机

图 5-29　不同种类的电池卷绕设备

表 5-2　卷绕机规格芯包尺寸对照表

| 卷绕机类型 | 小型 | 中型 | 大型 | 超大型 |
|---|---|---|---|---|
| 芯包宽度/mm | <30 | 30~100 | 100~210 | >210 |

第一台方形锂电池卷绕机设备于 1990 年由日本 Kaido 公司研发成功，韩国 Koem 公司于 1999 年成功开发出锂电池卷绕机和锂电池装配机。随后，凭借先发技术优势，日韩的锂电池自动化设备占据着市场的主要份额。国内卷绕制造设备始于 2006 年，从半自动圆形、半自动方形，到自动化卷绕，发展到现在的组合自动化、制片卷绕一体机和隔膜连续卷绕机。经过十多年的努力，国产卷绕设备已完全实现进口替代，并引领下一代的机型开发。

**（2）卷绕机工作过程**

① 预卷绕　预卷绕为正负极极片送片过程，该过程中正负极极片是送极片电机以恒定的速率控制送料速率，需要控制卷针的旋转角速率与极片速率匹配。过程涉及两类同步，即薄膜的放卷速率与卷针速率的同步，以及送片速率与卷针速率的同步。

② 卷绕过程　在完成了正负极极片送片后，正负极极片被隔膜裹紧。当正负极极片绕卷针缠绕一周后，卷绕进入连续过程。该过程中通过检测料卷的张力大小调整极片放料电机的放料速率，以保证卷绕过程中料卷的恒定张力。卷绕过程如图 5-30 所示。该过程亦涉及两类同步，即薄膜的放卷速率与卷针速率的同步和极片放料速率与卷针速率的同步。

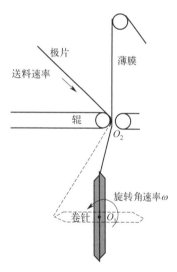

图 5-30　卷绕过程示意图

**（3）卷绕设备组成及关键结构**

图 5-31 为国产某型号卷绕机布局示意图，该设备主要模块清单由极片/隔膜自动放卷模块、极片/隔膜换卷模块、自动纠偏模块、导辊模块、极耳导向抚平模块、主驱模块、张力控制模块、张力测量/显示与储存模块、极片入料模块、隔膜除静电装置、极耳打折/翻折及极片破损检测模块、CCD 在线检测模块、极片切断模块、除尘系统、极片和隔膜不良品单卷与剔除模块、卷绕模块、隔膜切断模块、隔膜吸附模块、贴终止胶带模块、自

动卸料模块、裸电芯预压模块、预压下料模块、设备框架和大板模块组成。关键结构介绍如下。

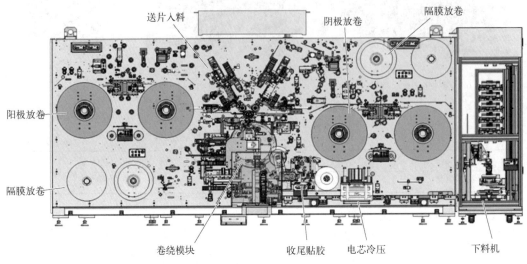

送片入料　阴极放卷　隔膜放卷

阳极放卷

隔膜放卷

卷绕模块　收尾贴胶　电芯冷压　下料机

图 5-31　国产某型号卷绕机布局示意图

① 极片/隔膜自动放卷模块　由极片/隔膜自动放卷轴、接带组件、放卷纠偏等组成。实现极片/隔膜卷料的固定、自动放卷、极片自动换卷等功能。放卷轴采用机械或气动胀紧方式，辅助块规、边缘检测等机构便于快速定位。

② 自动纠偏模块　该模块由多级纠偏机构组成，可采用挂轴移动、导辊摆动、夹辊驱动等多种纠偏方式。通过对物料走带边缘实时检测、控制和显示，实现物料边缘在走带过程中实时修正。传感器位置应避免粉尘堆积，影响边缘值检测的准确性。主要参数：放卷纠偏精度±0.2mm；过程纠偏精度±0.1mm。

③ 张力控制模块　由张力检测传感器、张力执行机构和显示储存模块组成。张力执行机构包括直线电机、低摩擦气缸或伺服电机等控制。张力检测机构尽可能靠近卷针机构。通过有效地控制物料走带张力，可以实现逐圈张力设置、调控的功能。通过精准控制，避免因卷绕张力问题造成裸电芯变形。

卷绕过程中，随着卷径的逐渐加大，为保证电芯的紧实度，张力会逐渐加大。在每一圈极片内，需控制张力的波动在一定的范围内。单圈内极片、隔膜张力波动情况如图5-32所示。

④ 极片入料模块　由正负极夹辊驱动机构、送料机构组成，完成卷绕前极片的入料。卷绕过程中入料位及物料间相对位置不发生变化，入料夹辊和卷入前的极片自由长度在保证入料和收尾的前提下越短越好。极片入料处具备入料吹气导向功能，并使用数显式气压监测，吹气和导向方向角度可调并配有角度刻度盘。同时入料有效、低噪声、无污染、倾斜角度方便量化调节。

⑤ 极片切断模块　由正负极极片压紧、切断机构组成。依靠检测极片尾部 Mark孔数量，或识别极耳间距，自动计算切断尺寸。切刀刃部建议采用钨钢等硬质材料，且动刀刃部和定刀刃部都有角度要求。另外，切刀位需要有隔离防护挡板和警示标识，同时做防粘处理。

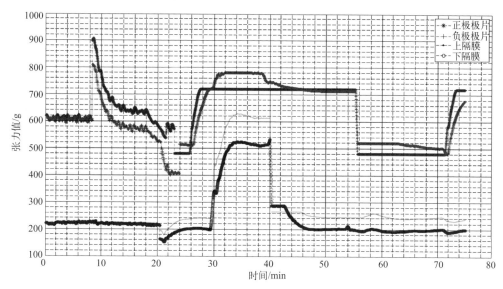

图 5-32　单圈内极片、隔膜张力波动情况

⑥ 极片和隔膜不良品单卷与剔除模块　由伺服电机、联轴器、直线导轨机构组成，并通过程序设置完成单独剔除功能。实现不良正负极极片独立无隔膜单卷和隔膜单卷剔除功能。当检测到正负极极片不良时，可自动实现与隔膜一起卷绕剔除，也可实现独立分别剔除。不良品采用独立机构卸料至坏品盒内。无隔膜单卷过程中极片不与其他部件产生干涉或摩擦，不影响下一个物料的纠偏。

⑦ 卷绕模块　工位数不同，模块结构就不同。双工位或多工位机构配备双伺服或多伺服电机驱动机构，对应两套或多套卷针机构，同时配置换工位后转塔锁紧、定位机构，可以实现电芯的卷绕和不同卷绕工位的自动转换，并能实现恒线速率卷绕。

⑧ 隔膜切断模块　由热切刀机构和防护机构组成，可按照产品所需隔膜长度将隔膜切断。切刀部位需要有高温及刃部安全防护和警示标识，以及隔热装置。此外，还需具有吹气和转塔主轴抚平辊，用于抚平切断后的隔膜、防止隔膜打皱。在隔膜切断后需要立刻吸附隔膜，防止由于隔膜静电大而造成隔膜卷曲，最终导致隔膜收尾不良。

⑨ 贴终止胶带模块　由自动备胶、胶带 Mark 孔感应器、贴胶辊等组成。卷料胶带开卷后按所需长度自动备好胶带，自动检测胶带 Mark 孔，贴在裸电芯侧面拐角处或收尾处。终止胶带粘贴机构设计成带有自适应性的结构，胶带的粘贴位置可根据裸电芯在卷针上的位置变化而进行调整。胶带放卷机构具备主动放卷功能且具有除静电功能。

⑩ 预压下料模块　由裸电芯卸料机构、裸电芯预压机构、裸电芯下料转移机构等组成。该模块自动从卷针上面下料，在良品裸电芯运输过程中实现对裸电芯的预压，预压后对电芯表面的二维码进行扫码绑定信息，然后由传输皮带将电芯转移到下料机。与裸电芯接触的压板需做防粘处理，同时具有预压压力感应器，不损伤裸电芯。

⑪ 除尘系统　由正负极极片切刀处除尘装置、毛刷装置、除静电组件、正负极极片/隔膜磁棒、分离式防尘外罩等组成，用于吸取或除去极片、隔膜和裸电芯表面粉尘以及防护环境粉尘进入裸电芯。

⑫ 极片过程检测系统　由多套高分辨率工业相机、机械视觉光源、安装机构、工

控机及显示器等组成。视觉电荷耦合器件（CCD）相机拍取电芯四个角位的阴极极片、阳极极片及上下隔膜与既定标示之间位置的图片，通过计算机视觉软件分析物料边缘或分界边与标示位置的二维距离，再通过计算机运算实时得到同一圈阳极与上隔膜、同一圈阴极与阳极、同一圈下隔膜与阴极、上一圈阴极与下一圈阳极的错位值，并实现实时以散点连接曲线和图层显示在显示器或触摸屏上。同时系统对电芯错位值进行处理，计算出每个裸电芯层与层之间错位值的最大值、最小值、平均值等，检测范围为电芯第一圈至最后一圈全检。

检测系统安装在卷绕机卷针外侧附近，不影响设备卷绕部件的动作及操作，角度及离大板距离连续可调。结构件需强度高、安装牢固，不对测量精度产生影响。相机和镜头同时有防撞设计，避免意外碰撞导致的结构件位置变动或损坏。

### 5.3.1.2 叠片机

#### （1）叠片机分类

目前的主要叠片制造工艺可以分为两大类：Z型叠片和复合叠片。Z型叠片可以分为单工位 Z 型叠片机、多工位 Z 型叠片机、摇摆式 Z 型叠片机和模切 Z 型叠片一体机。由于 Z 型叠片的机理是隔膜材料的往复高速运动再配合叠台的压针动作，这个过程避免不了会出现电芯内部界面较差的问题，并伴随有隔膜拉伸变形不均匀现象。

复合叠片使用双面涂胶隔膜，通过压力和温度将极片与隔膜黏附在一起形成复合单元，再使用不同的方式进行电芯成型。复合叠片可以分为复合卷叠机、复合堆叠机和复合折叠机。

复合卷叠技术（图 4-11）适用于尺寸较小的叠片电芯，先制作 3～5 层复合单元，再将复合单元放置到隔膜上进行二次复合，最终通过卷叠的方式成型。整个工艺流程需要 2～3 台单机来完成叠片工作，工艺复杂。

复合堆叠技术（图 5-33）规避了复合卷叠的问题，简化了制造工艺，可以在一台设备内实现叠片电芯的制作。先制作 4 层复合单元，将复合单元切断再将复合单元通过机械手堆叠。复合单元隔膜切断后会带来翻折风险，可能导致结构安全性风险。

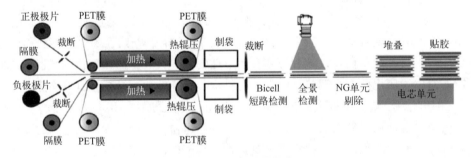

**图 5-33 复合堆叠技术**

Bicell—电芯单元；NG—不合格；PET—聚对苯二甲酸乙二醇酯

复合折叠技术（图 5-34）将极片与隔膜复合后通过连续的隔膜折叠完成叠片电芯的制作。解决了 Z 型叠片、复合卷叠和复合堆叠的问题，同时可以实现高速叠片制造。

复合叠片相关技术尚在验证中，在不远的将来将会得到大规模的应用。

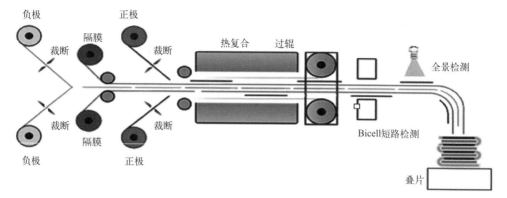

图 5-34　复合折叠技术

**（2）设备组成及关键结构**

图 5-35 为国内某 Z 型叠片验证机的组成原理图，主要部件构成包括以下几个部分。

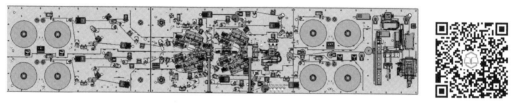

图 5-35　国内某 Z 型叠片验证机的组成原理图

① 机架系统。包含机架主体、大板（安装板）和人机界面组件。机架主体对整台设备起到支撑固定作用，大板为其他系统提供统一的安装平面及安装基准，人机界面组件控制设备的运作。

② 正/负极极片盒组件。极片料盒具有毛刷装置和吸尘功能。极片被机械手抓取后，料盒底板及极片具有自动上升功能。

③ 隔膜放卷组件。隔膜通过电机自动放卷，浮辊自动张紧隔膜，隔膜放卷具有整体纠偏功能。

④ 负极极片二次定位组件。在二次定位装置中，采用 CCD 视觉定位，保证极片定位精度。此组件具有吸多片检测功能，检测到吸多片后，自动停机报警。

⑤ 叠片台组件。此组件由四组气缸交叉压住叠片极片。通过伺服驱动马达，叠片台可前、后和上、下移动，以满足电芯的厚度。

⑥ 机械手组件。机械手左右移动采用伺服电机加精密丝杆控制，保证重复定位精度。前机械手上下取料采用伺服控制，后机械手取片采用气缸和真空吸盘，起到保护极片的作用。

⑦ 隔膜切断组件。当电芯被夹持到卷绕位置完成前段卷绕时，切隔膜组件移动完成隔膜的切断。

⑧ 电芯贴胶组件。电芯隔膜自动尾卷，卷绕圈数可设定，尾卷后自动贴胶。电芯贴胶采用贴侧面胶带方式，侧面贴 3 条胶带，首尾各贴 1 条胶带，如图 5-36 所示。

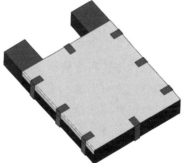

图 5-36　贴胶示意图

## 5.3.2 干燥机

### (1) 设备分类

干燥是一种通过给湿物料提供能量，使其包含的水分汽化逸出，并带走水分获得干燥物料的一种化工单元操作。目前工业上有大量的干燥设备，也有不同的分类方法。根据操作方式分类，可以分为连续干燥设备和间歇（或称批次）干燥设备；根据操作压强分类，可以分为常压干燥设备和真空干燥设备；根据传热方式分类，可以分为传导干燥设备、对流干燥设备、辐射干燥设备和介电干燥设备等类型（图 5-37）。

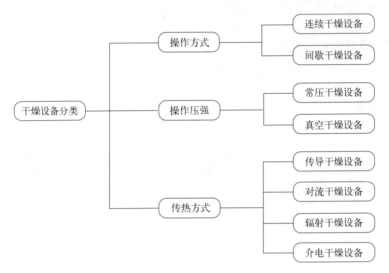

图 5-37　干燥设备的分类

电池中的水分主要来源于电池的原材料（包括正负极极片、隔膜、电解液以及其他金属部件）中的水分以及工厂环境中的水分。对于环境中的水分，可以建立干燥车间，用干燥机生成干燥空气，不断地输进干燥车间，置换车间内的湿空气，进行环境水分的消除。对于电池内部的水分，由于干燥标准非常高，通常要求水分含量（体积分数）在 $(100 \sim 300) \times 10^{-6}$ 之间，所以一般需要用真空干燥设备来除水，干燥结束后，测试电池是否烘烤合格。在电池的生产制造过程中多个工艺流程需要真空干燥，如电池正负极粉料、电池正负极卷、注液之前的电芯等。因此真空干燥设备对电池生产制造至关重要。

### (2) 真空干燥设备组成及分类

目前锂电池行业使用的真空干燥设备基本实现了全自动运行，设备的基本组成包括供热组件、真空系统、干燥腔体、上下料平台、中央控制系统等。

供热组件用于给干燥设备供热。供热组件根据供热热源的不同可以分为电加热、电磁感应加热、微波加热等。目前电池干燥设备较常用的是电加热方式。电加热又包括热风循环式加热和接触式加热。热风循环式加热由加热装置和风机共同作用，能够使干燥腔体内任何位置都达到干燥温度。接触式加热则更多利用加热装置直接接触电池将热量传导至电池，提高能量的利用效率，可以有效节省能耗。供热组件的主要设计要求是升温速率、温度的稳定性和温度的均匀性。因此对于温度的控制和监控非常重要，供热组件需配置相应的控温组件和检测组件。

真空系统和干燥腔体共同完成干燥设备的获取真空功能。真空系统包括真空获取系统（如真空泵等）、真空阀门、真空管道和真空检测器件（如真空规管等）。真空系统的主要设计参数包括真空腔体的极限真空度、真空腔体的工作压力、真空腔体抽气口附近的有效抽速等。真空泵的选择应该根据空载时真空腔体需要达到的极限真空度和进行工艺生产时所需要的工作压力进行选择。由于电池干燥设备一般工作压力在中真空范围内，所以选择罗茨泵的情况较多。具体可以根据真空泵所需的名义抽速进行选择，计算方法如下。

泵有效抽速计算：

$$S_p = \frac{Q}{p_g} \tag{5-1}$$

$$Q = 1.3(Q_1 + Q_2 + Q_3) \tag{5-2}$$

式中　$S_p$——泵的有效抽速，$m^3/s$；

$\quad\quad p_g$——真空腔体要求的工作压力，$Pa$；

$\quad\quad Q$——真空腔体的总气体量，$Pa \cdot m^3/s$；

$\quad\quad Q_1$——真空工艺过程中产生的气体量，$Pa \cdot m^3/s$；

$\quad\quad Q_2$——真空腔体的放气量，$Pa \cdot m^3/s$；

$\quad\quad Q_3$——真空腔体的总漏气量，$Pa \cdot m^3/s$。

泵的名义抽速计算：

$$S_m = \frac{S_p C}{C - S_p} \tag{5-3}$$

式中　$S_m$——泵的名义抽速，$m^3/s$；

$\quad\quad C$——真空腔体出口与机组入口间的管道通导，$m^3/s$。

上下料平台用于对电池进行上下料，包括对电池进行组盘（拆盘）、堆垛（拆垛）、对电池托盘等进行扫码、NG情况的处理等。随着自动化要求的提高，电池的上下料已基本实现自动化，较少需要人工的干预。在上料处，条形码阅读器对电池和托盘扫码，扫码NG的电池置于NG平台处，电池机器人将扫码成功的电池装入托盘中，托盘装满后托盘机器人将托盘堆垛至上料台处，上料台堆满后进入干燥腔体中；干燥完成后，电池从干燥腔体中送出，托盘机器人将托盘一层层拆垛，电池机器人再从托盘中将电池取出进入下一流程。

控制系统对干燥系统的真空系统、供热组件还有运动组件进行控制。但是随着大数据和物联网的发展，这些功能已经无法满足当前的生产要求，软件系统对干燥设备已经越来越重要。除了对硬件进行控制，软件还需要具备如下功能：

a. 能进行设备的故障诊断，显示当前故障、历史故障及故障处理方法；

b. 能显示所有传感器及执行机构的输入输出信号及实时状态；

c. 能获取设备的实时状态，并统计24h内的设备状态和报警信息等；

d. 采集物料的种类、批次、型号和规格等信息，建立物料跟踪系统，对物料信息进行跟踪和追溯；

e. 能对生产过程进行跟踪和管理，采集物料干燥过程中相关工位的工艺参数，包括温度、真空度等；

f. 能对历史数据进行查询，包括生产执行情况、设备使用情况、生产工艺控制情况等。

**(3) 典型真空干燥设备**

① 间歇式真空干燥设备　间歇式真空干燥设备是将多个传统的单体式干燥炉组合起来，再配备自动化上下料的机器人和中央调度机器人从而达到批量生产的目的，其结构示意图如图 5-38 所示。此干燥设备的灵活性比较高，每套设备配备的干燥炉个数和每个干燥炉的腔体个数都是可以根据具体需求进行配置的。

**图 5-38　间歇式真空干燥设备结构示意图**

间歇式真空干燥设备基本工艺流程如图 5-39 所示。干燥设备上料平台与前一工序物流线对接，电芯从前一工序物流线对接进入上料平台，在上料平台进行定位和组盘，之后送入相应的干燥炉进行干燥，干燥结束后到下料平台进行拆盘以及电芯的冷却，之后进入下一工序的物流线。干燥炉的加热方式可以是热风循环式加热，也可以是接触式加热。整个流程由中央控制系统进行控制。

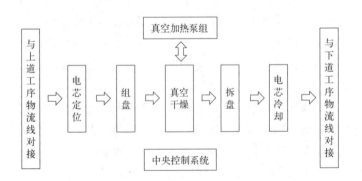

**图 5-39　间歇式真空干燥设备基本工艺流程**

间歇式真空干燥设备的技术参数如表 5-3 所示。

表 5-3　间歇式真空干燥设备的技术参数

| 技术参数项目 | 技术参数值 | 技术参数项目 | 技术参数值 |
| --- | --- | --- | --- |
| 烘烤温度范围/℃ | 85～200(线性可调) | 真空密封性/(Pa/h) | ≤5 |
| 表面温度/℃ | ≤(室温+15) | 温度均匀度/℃ | ±3 以内 |
| 噪声/dB(A) | ≤75 | 温度波动度/℃ | ±1 以内 |
| 极限真空度/Pa | ≤20 | 温度稳定度(24h 内)/℃ | ≤2 |
| 升温时间/h | ≤1.5(室温升至200℃) | 降温速率/(℃/h) | ≥40(满载条件下) |
| 抽气时间/h | ≤0.15 | | |

　　单体干燥炉是间歇式真空干燥设备的基础和核心单元，如图 5-40 所示。其结构通常包括真空干燥腔体、全自动密封门、机架、外封板、电箱、真空管路、氮气管路、控制系统等基本单元，如果采用运风式加热，还会包含热风循环管路和加热系统。

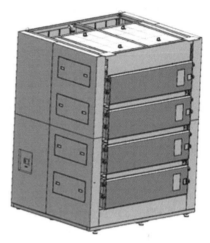

　　② 连续式真空干燥设备　连续式真空干燥设备是将干燥工艺拆分为预热—真空干燥—冷却等多个工序，分别用不同的腔体或工位进行预热—真空干燥—冷却等工序，将这些腔体或工位之间用密封门连接起来，使得干燥变成一个连续的过程。另外再配备自动化上下料平台和传动系统完成物料的连续干燥，其结构示意图如图 5-41 所

图 5-40　四层真空干燥单体炉

示。此干燥设备可以较大限度地节省能耗，每套设备的工位数是可以根据具体工艺需求和产能进行配置的。

图 5-41　连续式真空干燥设备结构示意图

　　连续式真空干燥设备基本工艺流程如图 5-42 所示。电芯从前一工序物流线对接进入上料平台，在上料平台进行定位、组盘和堆垛，之后送入预热腔体进行预热，预热结束后通过干燥过渡舱进入真空干燥舱进行抽真空干燥，干燥完成后进入冷却舱进行冷却，冷却后到下料平台进行拆垛和拆盘，之后电芯进入下一工序的物流线，托盘回到上料平台。预热舱的加热方式可以是热风循环式加热，也可以是接触式加热，真空干燥舱

的加热方式可以是接触式加热，也可以是辐射式加热辅以热风式加热。整个流程由中央控制系统进行控制。

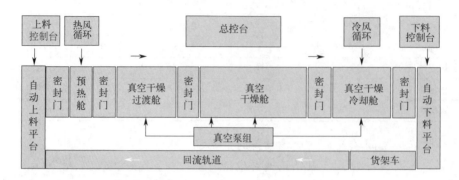

图 5-42　连续式真空干燥设备基本工艺流程

从图 5-42 可见，连续式真空干燥设备（或称隧道式设备）通常分为预热、真空干燥、冷却几个基本工位。典型预热段的结构如图 5-43 所示。风机带动内部气体向下流动，经过加热包加热，然后进入腔体，加热腔体内的待干燥物料，然后通过底部风口进入循环管道，回到风机，构成气体循环通道。预热段的主要作用是加热干燥物料使其快速达到真空干燥所需的工艺温度，因此预热段的升温速率和温度均匀性是其主要工艺指标。

干燥物料达到预设温度后就通过输送装置传输到真空干燥段。真空干燥段的典型结构如图 5-44 所示。

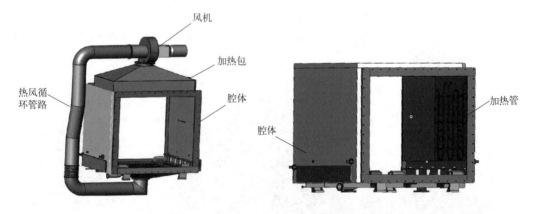

图 5-43　连续式真空干燥设备预热段结构示例　　图 5-44　连续式真空干燥设备真空干燥段结构示例

真空干燥的真空度通常在 $10\sim100Pa$ 之间。由于处在真空环境，没有气体作为介质，因此无法采用对流传热。真空段通常在腔体周围布置加热系统，通过辐射给干燥物料补充能量。为了防止极片氧化，真空干燥后的物料需要经过冷却才能离开设备，进入干燥房。因此，连续式真空干燥设备的最后一个功能段就是冷却段，典型的冷却段结构如图 5-45 所示。

冷却段通常配置外置式的制冷机，提供冷却的惰性气体。气体通过风机进入腔体，强制对流冷却干燥物料，然后通过冷风循环管道回到制冷机，形成冷空气循环通道。冷

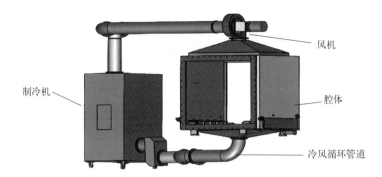

风机

制冷机

腔体

冷风循环管道

**图 5-45　连续式真空干燥设备冷却段结构示例**

却段可以在很短的时间内将干燥物料的温度降到接近室温，选择不同的制冷系统和风机流量，可以达到不同的降温曲线。

连续式真空干燥设备的技术参数如表 5-4 所示。

**表 5-4　连续式真空干燥设备的技术参数**

| 类别 | 技术参数项目 | 技术参数值 |
| --- | --- | --- |
| 通用<br>指标 | 烘烤温度范围/℃ | 85～200(线性可调) |
|  | 表面温度/℃ | ≤(室温＋15) |
|  | 噪声/dB(A) | ≤75 |
| 预热段 | 极限真空度/Pa | ≤300 |
|  | 升温时间/h | ≤1.5(室温升至 200℃) |
|  | 抽气时间/h | ≤0.075 |
| 真空段 | 极限真空度/Pa | ≤20 |
|  | 抽气时间/h | ≤0.15 |
|  | 真空密封性/(Pa/h) | ≤5 |
| 预热段<br>与真空段<br>通用指标 | 温度均匀度/℃ | ±3 以内 |
|  | 温度波动度/℃ | ±1 以内 |
|  | 温度稳定度(24h 内)/℃ | ≤2 |
| 冷却段 | 降温速率/(℃/h) | ≥40(满载条件下) |

由于整个工艺流程中从预热到冷却电池无须接触外界环境，因此连续式真空干燥设备无须在干燥房中工作，只有出料口需要干燥房。与间歇式的相比，干燥房面积大大缩小。连续式真空干燥设备将各个工艺流程分开，无须反复升温和反复抽真空，因此能耗也节省很多。同等产能下，连续式真空干燥设备密封门数量更少，维护成本也更低。连续式真空干燥设备中所有产品经过完全相同的流程，间歇式真空干燥设备的每个干燥炉可能会稍有差异，因此连续式真空干燥设备的产品一致性更好。但是，连续式真空干燥设备的密封门连接两个不同的工艺流程，密封门需要双面密封，要求更高。连续式真空干燥设备需要传动设备对物料进行传输，传输过程中的摩擦容易产生粉尘等污染物料，因此必须考虑采用除尘装置进行除尘。

### 5.3.3 注液机

目前的二次锂电池多数都需要有电解液，实现注电解液制程的设备就是注液设备。考核电池注液的最主要的参数有注液量、浸润效果和注液精度，这三点都是由注液机的性能来实现的，因此注液机在锂电池生产流程中也是非常重要的设备，直接影响到电池性能。

**（1）设备分类**

① 按电池种类，可分为软包注液机和硬壳注液机。硬壳注液机又可分为圆柱形和方形电池注液机。

② 按结构种类，可分为直线式注液机和转盘式注液机。

③ 按注液工艺，有真空注液机、低压注液机和高压注液机。真空注液机一般为真空、常压呼吸式浸润方式。低压注液机，一般指加压静置时压力在 0.3MPa 以下，真空、压力交替循环的浸润方式。高压注液机，一般指加压压力在 0.5～0.8MPa 之间，真空、压力交替循环的浸润方式。高压能实现更好的浸润效果，是目前注液机的发展方向。

④ 按加压方式，可分为差压和等压两种注液机。

差压注液机，一般指加压静置时，只对电池内部容腔加正压，电池内部和外部存在压差，故称为差压注液或差压静置。特别指出的是，对于方形硬壳电池，因为防爆膜以及方形外壳容易变形，差压注液机通常是低压注液机；对于圆柱形电池，比如钢壳 18650/26650 电池，差压注液机既可以是低压注液机，也可以是高压注液机。图 5-46 为高压-真空循环式注液原理示意图。

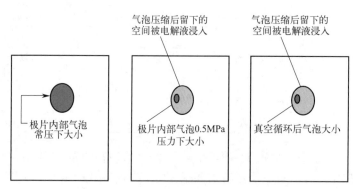

**图 5-46 高压-真空循环式注液原理示意图**

等压注液机，一般指加压静置时，对电池内部容腔以及电池外部同时加正压，电池内部和外壳外部不存在压差或压差很小，故称为等压注液或等压静置。就其逻辑关系来说，高压是目的，等压是实现高压的手段，如果没有压力的存在，等压是不具有意义的。等压注液机使得方形铝壳电池也能实现高压注液。软包电池也可以采用高压等压注液方式。图 5-47 为常压-真空循环式注液原理示意图。

**（2）设备组成及关键结构**

标准型的注液机，由外罩、真空泵、注液泵、中转罐、制造执行系统（MES）、测

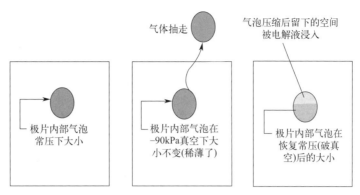

图 5-47　常压-真空循环式注液原理示意图

漏系统、托架/托盘、静置机构、进出料机构等构成。

① 外罩。注液机外罩有两种形式：手套箱式，一般只用于实验室或小批量试制，可以选装自身配置除湿机，或者外接干燥气体，来控制内部含水量；钣金式外罩，内通干燥气体，带一定的密封功能，可以放在干燥房内使用，也可以在普通房间内使用（自配一个过渡房）。手套箱式和钣金式外罩结构如图 5-48 所示。

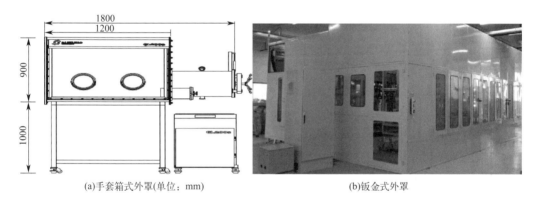

(a)手套箱式外罩(单位：mm)　　　　　　　　　(b)钣金式外罩

图 5-48　两种常用的注液机外罩

② 真空泵。一般使用螺杆泵。真空泵应放置在离注液机近的地方，这样真空利用率高。如果放在较远处需要做管道，要考虑管道对真空度造成损失，管道越长越细，真空流量和真空度损失就越大。

③ 注液泵。注液泵一般采用变量电动泵，其精度占注液机精度的 25％左右，是影响注液精度的关键核心设备。

④ 中转罐。罐中的电解液充了氮气，压力在 0.2MPa 左右，在使用时压力会降低，中转罐的主要目的是控制电解液供应在常压下保持稳定，必要时还可以对电解液进行过滤。

⑤ MES。该系统主要用于电池条码、重量、注液量等参数的读取分析管理，可以实现一次注液和二次注液互相连接，以及与整个工厂 MES 互相连接。

⑥ 测漏系统。采用真空或压力保持的方式检测密封胶嘴和电池的密封性，密封性不达标的电池不注液。

⑦ 托架/托盘。用于电池定位，一般根据不同的电池结构和效率要求设计不同的托架/托盘。

⑧ 静置机构。包含注液杯、密封胶嘴、电池托盘、压紧机构、压力-真空阀门管路系统等。压力静置一般分为高压静置和低压静置，高压静置压力超过 0.5MPa，低压静置压力低于 0.3MPa。图 5-49 为常用的钟罩式静置机构。

⑨ 进出料机构。电池进出注液机的自动连接后工序输送机构。

**图 5-49　常用的钟罩式静置机构**

### （3）设备主要参数

① 注液量。要考虑满足电池设计要求，能把指定量的电解液全部注入电池。

② 浸润效果。把电解液均匀地浸润到电池极片内部，使得极片的电化学能力发挥到最佳，浸润不完全的电池其性能一致性也会受到影响。在最短的时间内来实现最好的浸润效果，是注液机工艺能力的最重要体现。

③ 注液精度。注液精度指电池电解液量的一致性，反映了注液机的性能和能力。

注液机除了要实现以上三点来满足性能需求，还要考虑用最佳的注液工艺，最短的时间，尽量少的注液次数、空间、人工、成本来达成要求。

# 5.4　激活检测装备

锂电池经过复杂的前段和中段制程后，生成半成品电芯，此时电芯内部的活性物质尚未激活，也没有经过筛选分类和组装，需要后段的化成分容设备来让电池变得可以使用。化成分容是电芯一致性、良品率等各项指标能否达到要求的关键性检测工序，是电芯入库前的最后一道防线。

电池的种类不同，化成分容设备也有所区别，本节对方壳和软包电池的设备进行介绍，圆柱电池的化成分容与方壳电池类似。

## 5.4.1　方壳电池化成分容设备

**图 5-50　方壳化成设备示意图**

### 5.4.1.1　方壳化成设备

方壳化成设备是在高温负压的环境下对电池进行充电，设备由充电电源单元、针床单元、温控单元和后台监控软件等组成。图 5-50 为方壳化成设备示意图。

#### （1）充电电源单元

充电电源单元由交流-直流（AC-DC）模块、直流-直流（DC-DC）模块和监控用网关板组成。AC-DC 模块将交流电变换为 14V 直流电，并为多个 DC-DC 通道提供能量。DC-DC 通道采样开关电源技术将 14V 直流电变换为 5V 直流电，为电芯提供充电能量。为便于维护，DC-DC 部分采用模块化设计，每 8 个 DC-DC 通道组成一个 DC-DC 模块。每个 DC-DC 通道与网关板之间采用控制器局域网（CAN）总线进行通信，实现后台对各个通道的控制和数据管理。

图 5-51 是 96 通道系统原理框图。一个 AC-DC 模块带一个 DC-DC 模块（内含 8 个通道），AC-DC 模块之间各自独立，当其中任一模块损坏时不影响其他通道工作，增加了系统的可靠性。

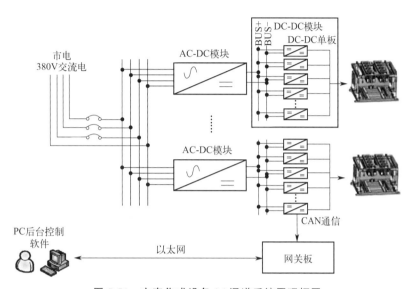

**图 5-51　方壳化成设备 96 通道系统原理框图**

### （2）针床单元

针床包括上层组件、中层组件、下层组件、负压系统、消防系统和控制单元等。针床模块置于高温箱内，高温库位为 3 层 2 列，总共包含 6 个针床，共 96 个通道。每个针床的托盘电芯由人工＋小推车送入压床架，并实现电池的初定位。每个库位放 2 个托盘，每托盘放置 8 支电芯。针床模块整体外形如图 5-52 所示。

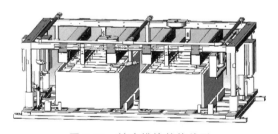

**图 5-52　针床模块整体外形**

上层组件包括探针、烟雾和温度探头等。下层组件对托盘进行初定位，中层组件对托盘进行精定位，带动托盘上抬，探针与电芯极柱直接压接，温度探头在两个电极中间，测试电池壳体温度。

负压化成系统采用开架式且附带真空负压系统的分体式系统，即电源柜与针床柜独立分开。每个托盘单元的上下料都是由人工＋小推车完成，针床内部设有托盘定位装置，可以对来料托盘进行定位判别。托盘上压并与针床可靠接触后，测试系统根据指令开始抽真空，达到相应工艺要求真空度后，再进行充电化成，化成工步完成后将储液杯内的电解液打回到电池内。

库位内消防管路为水气共用，水和气分开时都配有单向阀，防止水和气串到一起。气体消防由烟感和温感的组合逻辑启动控制，水消防由手动控制，并且底部配置有接水盘。

**（3）温控单元**

根据化成工艺的加热需求，设备设计有高温箱加热保温功能，高温箱库位为 3 层 2 列共 6 个，高温箱既可整体控制温度，也可单独库位控制温度。

① 温度控制范围：（室温＋10℃）～最大 70℃；温度控制精度：±3℃。

② 超温保护。炉膛内设有一个主温控器用于温度控制，另需安装专门用于超温保护的温控器。其中，加热管附近需要设立一个机械式温控器，用于防止风机出故障时引起的加热管干烧；在加热用固态继电器的主电源输入端需安装接触器，其线圈由温控器的报警点控制。

③ 安全防护。高温箱顶部开一个（最小）150mm×100mm 泄压口，底部开一个 400mm×400mm 泄压口，泄压口的结构为铜箔/岩棉/铜箔，破坏压力为 4kgf（1kgf＝9.8N），以便在箱内有电池意外爆炸时起到泄压作用。高温箱底部外面前端增加防护挡板，以避免电池意外爆炸泄压时汽化的电解液等对人员的伤害。

### 5.4.1.2　方壳分容设备

方壳分容设备是在常温常压的环境下对电池进行充放电。与化成设备类似，分容设备由充电电源单元、针床单元、电气控制单元和后台监控软件等组成，图 5-53 为方壳分容设备示意图。

## 5.4.2　软包电池化成分容设备

### 5.4.2.1　软包化成设备

软包化成设备是在高温加压的环境下对电池进行充电，设备由充电电源单元、高温加压单元、电气控制单元和后台监控软件等组成，图 5-54 为软包化成设备示意图。

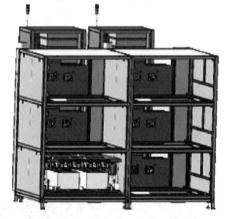

**图 5-53　方壳分容设备示意图**

与方壳化成设备相比，软包化成设备需要配备高温加压单元。该模块采用卧式结构，由两组高温加压机械单元构成。每个单元由 32 层托盘组件和伺服电机以及固定支架组成，每层可放置一个电池。每个电池托盘组件包括铝板、加热板、温度传感器等。铝板在伺服电机的控制下实现对电池的加压；加热板可快速将电池加热到设定温度；温度传感器固定在铝板上，用来实时检测电池加热温度。图 5-55 为高温加压单元示意图。

设备主要性能指标如表 5-5 所示。

| 图 5-54　软包化成设备示意图 | 图 5-55　高温加压单元示意图 |

**表 5-5　设备主要性能指标**

| 项目 | | | 参数 |
|---|---|---|---|
| 电压 | 充电 | 电压测试范围 | 直流 0~5000mV |
| | | 分辨率 | 0.1mV |
| | | 精度 | ±(0.05%FS+0.05%RD) |
| 电流 | 充电 | 电流设定范围 | 直流 50~20000mA |
| | | 分辨率 | 1mA |
| | | 精度 | ±(0.05%FS+0.05%RD) |
| 时间 | | 单工步设定范围 | 65535s |
| | | 分辨率 | 100ms |
| | | 数据记录 | 100ms~1s 可选,支持 $\Delta T(\geqslant1s)$、$\Delta I(\geqslant1mA)$、$\Delta U(\geqslant0.1mV)$ |
| | | 精度校正周期 | 12 个月 |
| 工作模式 | | 充电 | 恒流充电、恒压充电、恒流恒压充电 |
| | | 工步切换条件 | 电流、电压、容量、时间等 |
| 能耗 | | 充电效率 | 80%(最高)(电源模块效率,电源模块输出端子 5V,不含电源到电池的线缆损耗) |
| 保护功能 | | 电压保护 | 欠压、过压保护 |
| | | | 上限、下限警戒电压,强制电压保护 |
| | | | 电压、电流波动率保护(趋势异常) |
| | | 安全保护 | 烟感保护、限位保护、温度保护、压力保护、维修模式 |
| | | | 电池防反保护:电池反接不工作,设备不损坏 |
| | | | 电池掉线保护:可识别功率线和检测线异常 |
| | | 脱机化成 | 计算机异常或网络异常时,设备可继续工作,测试数据待网络正常后,自动传输到计算机 |
| | | 掉电接续 | 设备异常掉电或故障后,可在原测试位置恢复测试,并保证数据连续 |

| 项目 | | 参数 |
|---|---|---|
| 高温压力单元 | 压力控制范围 | 150~5000kgf |
| | 压力控制精度 | 150~1000kgf,±20kgf;1500~5000kgf,±2%RD |
| | 温度检测范围 | -25~125℃ |
| | 温度测量精度 | ±0.5℃ |
| | 温度控制精度 | ±2℃ |
| | 温度控制范围 | 室温至90℃ |
| | 温度控制模式 | 单层独立控制 |
| | 温度上升时间 | 30min(25~85℃,压紧状态加热) |
| 其他 | 通信 | TCP/IP协议 |
| | 尺寸 | 1900mm×1860mm×2550mm(高×深×长,参考尺寸) |
| | 电池装夹 | 手动上下料 |
| | 环境要求 | 环境温度:(25±3)℃;通风良好 |

注：FS为满量程数值；RD为读数值。

### 5.4.2.2　软包分容设备

软包分容设备是在常温常压的环境下对电池进行充放电，设备由充电电源单元、极耳压合模块、电气控制单元和后台监控软件等组成，图5-56为软包分容设备示意图。

图5-56　软包分容设备示意图

极耳压合模块由极耳压合机械单元构成，采用卧式结构，每个单元包含32个通道，可放置32个电池。机械单元主要由固定支架、定位机构、压接板组件和伺服电机等组成。电芯放置在托盘内，整盘电芯上下料，上料定位完成后，将极耳与压接板压合，形成充电回路。分容压合模块如图5-57所示。

图5-57　分容压合模块

## 思考题

1. 制浆机有哪几类？各有什么特点？
2. 简述涂布机的组成。
3. 叠片机有哪几类？各有什么特点？
4. 简述真空干燥设备的组成及分类。
5. 简述注液机的主要参数指标及分类。
6. 简述化成设备的工作原理及组成。
7. 简述锂电池制造装备未来的发展趋势。

## 参考文献

[1] 阳如坤. 先进储能电池智能制造技术与装备 [M]. 北京：化学工业出版社，2022.

[2] 崔少华. 锂离子电池智能制造 [M]. 北京：机械工业出版社，2022.

[3] 程凯. 锂电池极片全连续制造设备与关键技术研究 [J]. 百科论坛电子杂志，2020 (19)：3614.

[4] 张红梅，卢亚，明五一，等. 高速、高精智能化锂电池涂布机关键技术研究 [J]. 机电工程技术，2018，47 (7)：10-13.

[5] 郭宝喜. 锂电池极片卷料与涂布机的高精度对接技术 [J]. 工业技术创新，2022，9 (3)：38-44.

[6] 深圳市尚水智能设备有限公司. 一种锂电池制浆工艺及设备：CN106390791A [P]. 2021-06-04.

[7] 周凤满. 锂离子电池浆料双螺杆混合与高速分散工艺研究 [D]. 哈尔滨：哈尔滨工业大学，2019.

[8] 刘平文. 动力锂电池极片挤压式涂布系统设计与实验研究 [D]. 南京：东南大学，2018.

[9] 杨静. 锂电池极片涂布设备控制系统设计 [D]. 哈尔滨：哈尔滨工程大学，2017.

[10] 马嵩华，田凌. 锂电池极片辊压机刚度分析与结构优化 [J]. 中国机械工程，2015 (6)：803-808.

[11] 重庆编福科技有限公司. 一种锂电池辊压自动对边纠偏装置：CN114772353A [P]. 2022-07-22.

[12] 杨振宇，何佳兵，姜无疾. 全自动锂电池卷绕机的设计 [J]. 电子工业专用设备，2011，40 (7)：53-56.

[13] 彭碧. 全自动锂电池电芯卷绕机张力与纠偏控制关键技术研究 [D]. 武汉：华中科技大学，2013.

[14] 弓波. 新能源锂电池一次成型叠片技术研究 [D]. 天津：河北工业大学，2019.

[15] 上海兰钧新能源科技有限公司. 一种锂电池新型叠片工艺及叠片装置：CN114497751A [P]. 2022-05-13.

[16] 李徐佳，高殿荣，王华山. 锂电池极片干燥箱风刀内流特性的试验与数值模拟对比研究 [J]. 机械工程学报，2015，51 (24)：105-111.

[17] 李徐佳，王亚男，王华山，等. 锂电池极片干燥过程供风量计算模型 [J]. 电源技术，2017，41 (2)：198-201.

[18] 明五一，张臻，黄浩，等. 高速高精动力锂电池注液机关键技术研究 [J]. 机械设计与制造，2017 (10)：187-190.

[19] 谭伟，李新宏，李耀昌. 软包锂电池自动真空注液系统研究 [J]. 机电工程技术，2017，46 (8)：61-63.

[20] 钱丹. 负压下的软包锂电池注液封口技术研究 [D]. 天津：河北工业大学，2019.

[21] 曾国仕. 基于位向量搜索算法的电池化成分容控制系统的设计与实现 [D]. 厦门：厦门大学，2014.

[22] 冯娜. 锂电池化成过程中的热效应分析及散热结构设计 [D]. 上海：东华大学，2014.

[23] 合肥国轩高科动力能源有限公司. 一种用于锂电池化成分容的针床：CN213936314U [P]. 2021-08-10.

[24] 辛钧意. 一种锂电检测两板结构压床：CN110687454A [P]. 2020-01-14.

# 锂电池检测及质量控制

在锂电池的制造工艺流程中，从前段工艺的极片制作，到中段工艺的电芯组装，再到后段工艺的电芯激活检测和电池封装，尺寸和缺陷的测量和检查伴随全程，每一次测量与检查都是制造工艺和检测技术的博弈过程。锂电池进行制造检测与缺陷检查，一方面是便于制造商进行品质管控，另一方面，也可以为工程师和技术人员确定工艺流程提供关键信息，为电池工艺优化和品质优化提供数据支持。

## 6.1　检测及质量控制概述

根据工艺阶段、检测手段和在线与否，锂电池制造过程检测的内容有以下三种划分方法。

**（1）依据工艺阶段划分**

在前段工艺（极片制作）中，检测的内容有：浆料的黏度、涂布尺寸、涂布质量、涂布密度、黏结力、表面缺陷、张力、激光分切尺寸、熔珠、分切毛刺、热影响区宽度、表面缺陷、露箔宽度、集流体品质等。

在中段工艺（电芯组装）中，检测的内容有：电芯尺寸及精度、焊接质量、极片切割毛刺、对齐度、错位值、张力、过程表面质量、复合温度、复合黏结力、短路电阻、断路电阻、冷压参数、热压参数、电芯重量、焊接质量、注液量等。

在后段工艺（电芯激活检测和电池封装）中，检测的内容有：电压、电流、倍率、循环次数、循环深度等。

**（2）依据检测手段划分**

视觉类，如涂布表面质量、错位值、X射线、毛刺等。

超声波类，如焊接质量等。

电子仪器类，如短路电阻、断路电阻、热压温度、电芯质量等。

化学分析类，如黏度、颗粒度、固含量、电解液密度等。

**（3）依据在线与否划分**

取样离线检测，如固含量、涂布密度、黏结力等。

抽样在线测量，如错位值、热影响区宽度、表面质量等。

完全在线测量，如张力、冷压压力、热压压力等。

## 6.1.1 锂电池的检测

锂电池制造过程中的被测物理量数量众多，其定义及评估方法具体介绍如下。

**（1）合浆黏度**

浆料在流动时，其分子间产生内摩擦的性质，称为浆料黏性。黏性的大小用黏度表示。一般情况下，黏度的大小取决于浆料的性质与温度，温度升高，黏度会降低。在锂电池制造过程中，待测黏度主要指合浆黏度，包含正极浆料、黏结剂和负极浆料等流体的黏度。

合浆黏度会影响涂布速率和厚度控制水平，黏度偏高时会造成涂布困难、铝箔边缘锯齿严重等不良，黏度过低时不能形成稳定的涂布层。

在锂电池制浆过程中有两种测量方式：离线测量和在线测量。离线测量指在浆料缓存罐中定时取样，采用黏度计进行离线测试。离线测量易受测量人员操作水平、测量仪器精度的影响，测量时间滞后，无法快速进行过程控制。

因为黏度测试易受温度、压力、流动速度等因素的影响，所以，在实际生产中，离线测试和在线测试均有应用，互为印证。

**（2）固含量**

固含量是浆料在规定条件下烘干后剩余部分占总量的质量分数。一般指活性物质、导电剂、黏结剂等固体物质在浆料整体质量中的占比。固含量的测试方法一般为离线抽样化学分析法。

**（3）涂布尺寸**

指涂布工艺完成后，极片两侧涂覆层的宽度和厚度尺寸。涂布尺寸的检测方法有两种，即离线人工抽检和 CCD 在线监测。

离线测试方法，在正面和反面极片干燥以后进行干膜的尺寸检测，然后把检测结果反馈给操作人员或控制系统，通过人工调整或系统进行闭环调节。

在线测试方法通常借助 X 射线等设备完成，测试结果也被用于涂布尺寸的在线闭环控制。

**（4）涂布重量**

指极片重量与基材（箔材）重量之差。工程上常使用离线或在线两种测量法。

离线测量法，取涂布极片宽度方向的中心处裁切极片样本，称重获得总重。总重减去基材重量，所得重量为涂布重量。

在线测量法，由射线面密度仪测量计算获得，通常情况下，面密度仪采集带材的厚度，结合涂布的基材相关参数计算而得，为间接获得量。

**（5）涂布密度**

指涂布面密度，即单位面积内涂覆物质的质量与涂布面积之比。工程上使用两种测量法：离线测量和在线测量。

离线测量法，取涂布极片宽度方向的中心处裁切极片样本，称重，由涂布重量、基材面密度和面积计算得到。

在线测量法，由射线面密度仪测量计算获得，通常情况下，面密度仪采集带材的厚度，结合涂布的基材相关参数计算而得，为间接获得量。

**（6）表面电阻率**

表面电阻率又称表面比电阻，指涂布完成后极片单位面积的表面电阻，这是表征极片电性能的重要参数。表面电阻率的大小除取决于电介质的结构和组成外，还与电压、温度、材料的表面状况、处理条件和环境湿度有关。环境湿度对表面电阻率的影响极大。在相同条件下，表面电阻率越大，绝缘性能越好。

**（7）压延率**

又称延伸率，指材料在拉伸断裂后，总伸长与原始标距长度的百分比。通常采用离线测量法，即在规定条件下做拉伸试验后计算所得。

**（8）表面缺陷**

极片表面缺陷主要有划痕、露箔、污物、裂纹等（图6-1），这些缺陷会严重影响电池的安全性和使用寿命，因此需要对电池极片表面缺陷进行检测。在锂电池生产过程中，涂料、辊压等环节都有可能导致极片破损和表面缺陷。

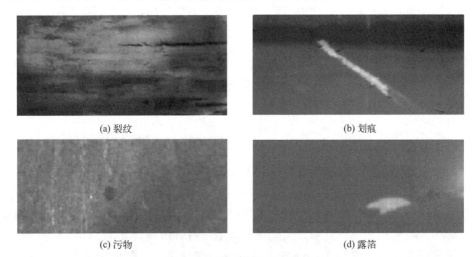

(a) 裂纹　　　　　　　　　　　　(b) 划痕

(c) 污物　　　　　　　　　　　　(d) 露箔

**图6-1　极片表面缺陷示意图**

锂电池极片分为极耳和涂布区2个部分。由于生产工艺的限制，生产出的极耳和极片表面会出现多种缺陷。根据缺陷存在的位置及缺陷的形态定义了不同的缺陷类型，并针对每种缺陷类型对成品电池性能的影响设定了不同的检测尺寸，用于保证产品质量。

极片表面缺陷的检测方法有两种：传统的人工检测方法和基于机器视觉的非接触检测。传统的人工检测方法检测效率低，工人劳动强度大，检测质量无法严格保证，不能满足锂电池大批量生产的需要。应用机器视觉可以准确、高效地对锂电池极片进行检测，从而提高生产效率、降低成本。目前，对于动力锂离子电池极片表面缺陷，主要是基于机器视觉的非接触检测，利用图像处理，可以发现缺陷、提取缺陷并描述缺陷。

极片重量均匀性、厚度均匀性、面密度均匀性和表面缺陷控制质量是锂电池涂布质量的重要指标，直接影响锂电池的一致性。

**（9）张力**

张力是物体受到拉力作用时，存在于其内部且垂直于两相邻部分接触面上的相互牵引力。带材张力为带材受到的沿走带方向的力与垂直于走带方向的截面面积之比。在锂电制造工艺中，有三种类型的张力：涂布带材张力、卷绕/叠片工艺中的极片张力、卷绕/叠片工艺中的隔膜张力。

涂布带材张力过大会导致材料的变形甚至断裂，过小的张力又会因为松弛导致跑偏；张力控制不稳会使极片活性物质涂覆不均匀，造成生产品质问题。在涂布生产中为降低张力带来的极片抖动，通常采用恒张力恒速控制。

卷绕/叠片工艺中的张力若出现较大波动，会导致带材出现起皱和松动的现象，进而影响电芯品质。在目前的卷绕/叠片工艺中，因为无法做到恒速控制，因此，张力控制不稳容易导致带材起皱、断裂和电芯表面凹凸不平等现象。

张力的检测方法是借助张力计进行在线实时测量。

**（10）短路电阻**

短路电阻是判断电芯、电池、叠片工艺中的热复合片等是否发生短路的临界电阻值，由电阻测试仪离线或者在线测量所得。在目前的电池工艺中，多用电阻测试仪在线测量。

**（11）断路电阻**

指判断叠片工艺中的电芯、电池是否发生断路的临界电阻值。通常用于判断极耳是否发生虚焊、过焊等，由电阻测试仪离线或者在线测量所得。在目前的电池工艺中，多用电阻测试仪在线测量。

**（12）熔珠**

熔珠是激光切割制片产物的一种，因"形状如珠"而得名，为极细小的显微金属颗粒。熔珠形态示意图如图 6-2 所示。

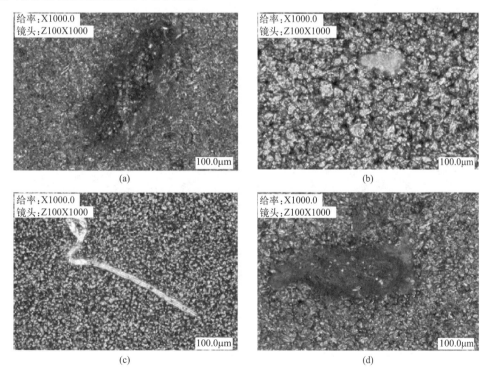

图 6-2　熔珠形态示意图

激光切割制片的基本原理是利用高功率密度激光束照射被切割的极片，使其很快被加热迅速熔化、气化、烧蚀或达到燃点而形成孔洞，随着光束的移动，连续孔洞形成切割边缘。在激光制片过程中，切割边缘材料气化飞溅，落至极片上冷凝形成熔珠。

熔珠的测量方法一般为离线测量。在切割完成的极片边缘取样，借助显微放大技术度量熔珠的尺寸，常以特征尺寸的最大值和均值、给定面积内熔珠的数量等物理量来度量。

**(13) 毛刺**

毛刺是圆盘分切和模具冲切制片产物的一种，因"形状如刺"而得名。极片毛刺示意图如图 6-3 所示。

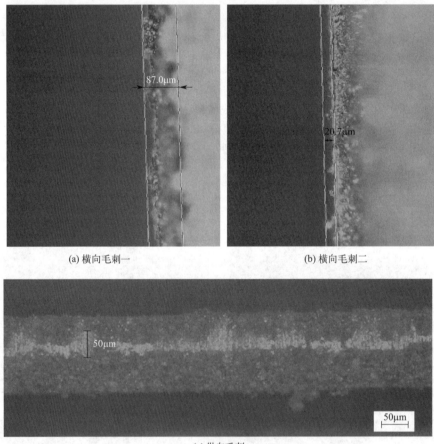

(a) 横向毛刺一      (b) 横向毛刺二

(c) 纵向毛刺

**图 6-3 极片毛刺示意图**

毛刺有横向毛刺和纵向毛刺两种。横向毛刺见图 6-3(a) 和 (b)，纵向毛刺见图 6-3(c)。毛刺的成因复杂，与极片材料及特性参数有关，也与分切工艺参数和冲切工艺参数有关。衡量物理量为在约定方向（横向或纵向）上毛刺前端与基准面的距离。

工程上，毛刺的测量方法多为离线测量。在切割完成的极片边缘取样，借助显微放大技术度量毛刺的尺寸。近些年，毛刺的在线测量被提出，也引起了锂电行业相关人员的注意和重视，但是因工况的特殊性，并未见有工程应用。

**(14) 热影响区**

激光切割极片成型过程中，输入的激光能量使材料局部受热，导致激光辐射区域附近的温度上升，材料性质发生改变。热影响区降低了表层材料的活性，且会增大切缝边缘表层材料脱落的风险。热影响区示意图如图 6-4 所示。

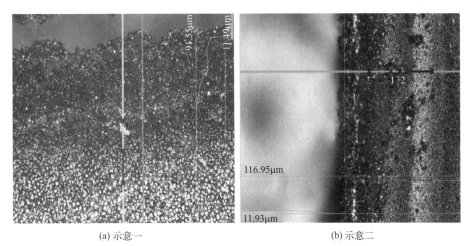

(a) 示意一　　　　　　　　　　　　(b) 示意二

**图 6-4　热影响区示意图**

工程上，热影响区的测量方法多为离线测量。在切割完成的极片边缘取样，借助显微放大技术度量热影响区的尺寸。

**(15) 拉丝**

拉丝是模具冲切制片产物的一种，因"形状如丝"而得名。拉丝形态如图 6-5。拉丝的成因复杂，极片材料及特性参数有关，也与冲切工艺参数有关。衡量物理量为在约定方向上拉丝/露箔前端距离基准线的距离。

**图 6-5　拉丝形态例图**

工程上，拉丝的测量方法多为离线测量。在切割完成的极片边缘取样，借助显微放大技术度量拉丝的尺寸。

### (16) 极片级尺寸精度

极片包含两种类型的尺寸精度：极片宽度尺寸精度（在激光切割工艺中指分切宽度尺寸，在卷绕和叠片工艺中指宽度尺寸和长度尺寸）和极耳尺寸精度（包含宽度、高度、位置等）。工程上的测量方法以在线测量为主。

### (17) 电芯尺寸精度

电芯包含三种类型的尺寸精度：电芯整体的长度、宽度和高度；极耳（外接集流体）的位置、尺寸和精度；电芯收尾胶带的位置、尺寸和精度。工程上，常用的检测方法有两种，即离线抽检和在线 CCD 测量。

### (18) 错位值

错位值（overhang）为锂电行业中的习惯用语，本义指"悬垂部分"，在锂电行业指给定边缘（通常为两个不同边缘）的距离。包含三种类型：隔膜-正极的错位值、隔膜-负极的错位值和正极-负极的错位值。在某些工艺要求中，亦要求隔膜-正极陶瓷涂层的错位值。工程上常用的测量方法有两种：离线每日/班次首件抽检和在线 CCD 测量、X 射线测量。

### (19) 对齐度

对齐度和错位值在 X 射线测量设备下获得的图形示意见图 6-6。对齐度包含四种类型：隔膜对齐度、正极对齐度、负极对齐度和极耳对齐度。衡量标准为给定维度上每层材料边缘的相对变化范围。工程上，常用的检测方法是在线 CCD 测量、X 射线测量。

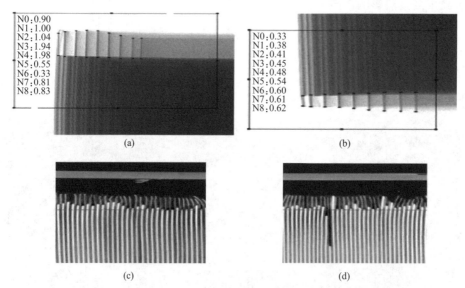

图 6-6　X 射线测量设备获得的对齐度和错位值的计算图（单位：mm）

### (20) 复合黏结力

又称复合强度、黏结强度，在锂电池制造过程中，特指热复合工艺中极片和隔膜复合后的剥离强度。定义为从接触面进行单位宽度剥离时所需要的最大力。剥离时角度有 90°或 180°。单位为 N/cm、N/m 等。

工程上常用的测量方法为离线测量，即在热复合工艺后，对热复合片取样，依据特定的标准进行剥离强度试验，测量黏结力。

### （21）冷压参数/热压参数

指制造过程中对电芯进行冷压/热压工艺时的温度、压力、时间、速率等工艺参数。工程上经常采用在线直接测量法。

### （22）结构件定位精度/连接强度

电池结构件通常指连接片、盖板等除极片、隔膜、电解液等材料以外的辅助零件。电池结构件定位精度通常借助 CCD 在线测量控制。电池结构件连接强度，如焊接强度或焊接拉力，通常采用离线抽样测量。

### （23）电芯质量

特指在注液前和注液后的电芯称重工艺获得的电芯质量，为便于注液和电芯品质管控而设置的工艺环节。工程上常采用在线测量法，即借助称重传感器和放大器等组成的称重机构完成测量。

### （24）老化时间

老化工艺能够使正负极活性物质中的某些活跃成分通过一定反应失活，使得整体性能保持稳定。老化经常安排在高温静置工艺后，有常温老化和高温老化两种。老化时间即老化工艺的时间。工程上常采用在线测量获得老化时间。

### （25）化成分容相关测量的物理量

化成分容相关测量物理量包含倍率、时率、荷电状态、开路电压、放电深度、循环次数等。

倍率，通常指充放电倍率。指电池在规定的时间内放出其额定容量时所需的电流值，它在数据值上等于电池额定容量的倍数，故称为"倍率"，通常用字母 $C$ 表示。

时率，又称小时率，指电池以一定的电流放完其额定容量所需要的时间。

荷电状态（state of charge，SOC），也叫剩余电量，代表的是电池放电后剩余容量与其完全充电状态容量的比值。目前 SOC 估算主要有开路电压法、安时计量法等。

循环次数，指在规定条件下，电池完成 100％放电/充电的过程的数量。

放电深度（depth of discharge，DOD），指电池放出的容量占额定容量的百分数。

开路电压（open circuit voltage，OCV），在数值上等于电池在断路时电池的正极电极电势和负极电极电势之差。

在工程上，一般借助专业设备来完成测试和计算得到化成分容相关的物理量，如开路电压（OCV）检测设备、直流内阻（DCIR）检测设备等。

## 6.1.2 过程质量控制方法

产品质量历来是生产过程中最重要的方面之一。面对全球化的市场竞争，持续提高产品质量必是优先考虑的。质量一定是形成于产品的生产过程中，而不是在这一过程结束后才去考虑。因此，设计工程师与制造工程师的紧密合作与沟通，以及企业管理层的直接参与和鼓励就显得至关重要。

质量控制的主旨是在所有范围内为达成优质生产采取的措施，避免缺陷产品的出现。因此，优秀的质量检验可以保证杜绝缺陷产品。质量控制的目标是通过预防性、监视性和纠正性行为满足质量要求并消除产生缺陷的原因，以达到运行成本的最佳经济性。

质量控制时，应以规定的时间间隔从正在运行的加工过程中提取抽检样品进行检测（图 6-7）。如果检测所得数值与所要求的数值有偏差，应立即采取措施，避免缺陷零件出现。

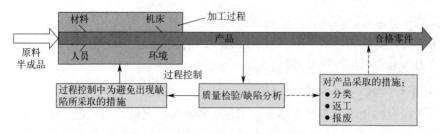

图 6-7　为避免出现缺陷而进行的质量控制

监视生产过程时，其质量控制目标是将特性数值的误差控制在极限之内。产生误差的主要原因是 5M 因素，即人员、机床、材料、方法和环境（表 6-1）。有时，除 5M 因素外还应扩展其他一些因素，如资金、市场、动机和检测能力等。所选择的检测方法将影响检测结果。只有当一种检测方法的检测不精确性与工件公差或加工过程误差相比小到可以忽略不计时，该检测方法才适宜（有能力）承担检测任务。

表 6-1　影响特性数值误差的 5M 因素

| 人员 | 劳动技能,劳动动机,劳动负荷程度,责任意识 |
| --- | --- |
| 机床 | 刚性,加工的稳定性,定位精度,运动中的不变形性,发热过程,刀具系统和夹具系统 |
| 材料 | 规格尺寸,强度,硬度,热处理或机加工后的应力 |
| 方法 | 加工方法,工作顺序,切削条件,检测方法 |
| 环境 | 温度,地板震动 |

统计质量控制（statistical quality control，SQC）使用概率论，对加工出的产品的随机检测结果进行分析，以获得对质量的理解。为了正确使用统计质量控制，必须首先定义以下常用术语：

① 样本容量　一个样本中所考察的产品数量。通过研究样本中零件的特性，获得总体的相关信息。

② 随机抽样　从总体或一批产品中抽取一个样本，总体（批零件）中的任一个体（零件）被抽到的概率相等。

③ 总体　也称母体，是指具有相同设计的零件个体的总数，样本从中抽取。

④ 批量　总体的一个子集的容量，可以认为是总体的子集，也可以认为是总体的代表。产品质量特性可分为两类：可被定量检测的（变量法）与可被定性检测的（属性法）。变量法是对产品的尺寸、质量、密度、电阻率等物理属性等定量测量。对样本里的每一个体都进行测量，然后将结果与标准进行比较。而属性法是观察所考察的样本个体的定性特性，如产品的外部或内部缺陷、涂布均匀性等。属性法所用样本量一般比变量法的大。

制造过程中的数据往往符合数学上的正态分布曲线（图 6-8），称为高斯分布。高斯分布是德国数学家和物理学家 J.C.F.Gauss（1777—1855）在概率论的基础上提出的。符合高斯分布特征的数据具有以下两个特征：①它表明大部分的零件数据集中在平均值（算术平均值）附近，用 $\bar{x}$ 表示这个平均值；②它的宽度反映了直径测量结果的离散程度，曲线越宽，直径的离散程度越大。

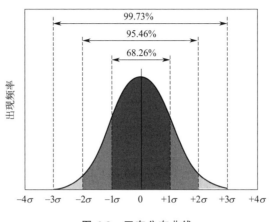

**图 6-8　正态分布曲线**

数学上，离散程度通常用标准偏差来估计，表达式为

$$\sigma = \frac{\sqrt{(x_1-\bar{x})^2+(x_2-\bar{x})^2+\cdots+(x_n-\bar{x})^2}}{n-1} \tag{6-1}$$

从式(6-1)的分子可知，随着曲线变宽，标准偏差将变大，并且 $\sigma$ 和 $x_n$ 具有相同的单位。既然每组零件的数量已知，那么每组数量在总体中所占的百分比就可以计算出来。

$6\sigma$ 是基于连续检测产品和服务质量的全质量管理原理的一套统计工具。达到 $6\sigma$ 目标不仅意味着每 100 万个零件中只有 3.4 个缺陷零件，其还涵盖了诸如了解加工能力、提供无缺陷产品从而确保客户满意这样的考虑。这种方法明确关注质量问题的定义、相关量的测量过程和操作的分析、控制和改善等。

# 6.2　制造过程主要测量及设备

## 6.2.1　面密度测量

面密度测量仪用于对锂电涂布面密度（单位面积的质量）进行非接触式在线检测，也可以用于极片厚度的检测等。目前主要有两种：β 射线面密度测量仪和 X 射线面密度测量仪。下面分别对这两种仪器作介绍。

**(1) β 射线面密度测量仪工作原理**

如果 β 射线有足够长的半衰期，则射线的发射强度恒定。当 β 射线穿透极片时，部分能量被吸收（吸收量与被测目标的厚度和材质等因素有关），射线强度衰减。衰减强度与被穿透极片的面密度呈负指数关系，可用式(6-2)和式(6-3)计算。

$$I = I_0 e^{-\mu m} \tag{6-2}$$

$$m = \rho h \tag{6-3}$$

式中  $I$——透射后射线的强度；

　　　$\mu$——被测目标的吸收系数；

　　　$\rho$——被测目标的密度；

　　　$h$——被测目标的厚度；

　　　$m$——被测目标的面密度；

　　　$e$——自然常数。

通过检测射线穿透极片前后的射线强度，可以推算出极片的厚度和面密度。

**（2）X射线面密度测量仪工作原理**

在理想条件下，"窄束"单能 X 射线透射物质材料时，穿透后射线的强度随穿透物体面密度的增加而呈指数规律衰减，故 X 射线的面密度的基础理论计算公式与式（6-2）和式（6-3）相同。

在工程应用中，由于 X 射线与物质相互作用过程中存在扩散衰减，所以衰减规律的计算过程如式（6-4）和式（6-5），该公式即为面密度测量仪的工程应用公式，系数 $k$、$b$ 由标定实验而得到。

$$I = B I_0 e^{-\mu \rho h} \tag{6-4}$$

$$\rho h = \frac{1}{\mu}\left(\ln \frac{I_0}{I} + \ln B\right) = k\left(\ln \frac{I_0}{I}\right) + b \tag{6-5}$$

式中  $B$——X射线通过物质时的积累因子；

　　　$k$——比例系数；

　　　$b$——平移系数。

通过检测射线穿透极片前后的射线强度，可以推算出极片的厚度和面密度。

## 6.2.2　厚度测量

锂电池制造过程中，需要对涂布、激光切割、卷绕和叠片等工艺中的极片厚度进行检测，常用的测量仪器是激光测厚仪。激光测厚仪工作原理如图 6-9 所示。激光测厚仪一般是由两个激光位移传感器以上下对射的方式组成的，上下两个传感器分别测量被测体上表面的位置和下表面的位置，通过计算得到被测体的厚度。激光测厚仪的优点在于它采用的是非接触测量，相对接触式测厚仪更精准，不会因为磨损而损失精度。相对超声波测厚义，激光测厚仪精度更高。

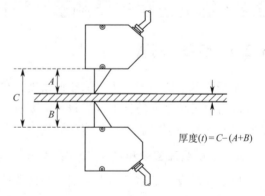

厚度$(t) = C-(A+B)$

**图 6-9　激光测厚仪工作原理**

### 6.2.3 黏度测量

合浆（包括正极浆料、黏结剂、负极浆料等）黏度通常使用黏度计进行测量，分为离线或在线方式。黏度计有多种类型，主要有毛细管式、旋转式、振动式和柱塞式等。

黏度计的工作原理是将传感器探头浸入液体后，液体和探头表面接触。传感器探头始终保持相同的微振幅共振剪切。在液体黏度的作用下，探头会产生振幅的相位变化。黏度不同，要维持微振幅共振剪切的电流不同。黏度越大，电流越大。通过测量电流变化获得液体的黏度值。

### 6.2.4 张力测量

在电池制造中，常用的张力计一般为应变片型张力计，如图 6-10 所示。应变片型张力计是通过压缩应变片间接测量张力值，所以要获得被测材料上的张力值，通常通过张力辊和测张辊形成一定的包角，通过测张辊施加压力，使张力传感器敏感元件产生位移或者形变。张力计根据应变片电阻值的变化再通过内

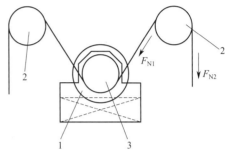

**图 6-10　张力计结构原理**
1—张力传感器；2—张力辊；3—测张辊

置处理器可计算得到所要测量的张力值。张力计可以用于对锂电涂布、激光切割、卷绕和叠片等工艺中的带材张力进行在线检测。

## 6.3　制造缺陷检测及设备

制造缺陷检测设备主要有：显微放大系统、CCD 测试系统、空气耦合超声波检测设备。下面仅就显微放大系统和 CCD 测试系统进行详细介绍。

### 6.3.1　显微测量

在锂电池制造过程中，为了观察熔珠形态、切割毛刺和错位值的离线测量等，常配备一套或多套显微放大系统。

显微放大系统的原理基于分析目标的不同而有差异。这里介绍基于干涉显微原理的表面形貌检测系统，其他显微放大系统可查阅相关资料，在此不再赘述。

与其他表面形貌测试技术相比，基于干涉显微原理的表面形貌测量系统具有快速、非接触的优点，可以完成多种结构的表面形貌测量，因而获得了广泛应用。

基于干涉显微原理的表面形貌测量系统组成见图 6-11，其核心是光学干涉显微系统，包括干涉显微镜、PZT 平台（含扫描器和相移器）及控制器。表面形貌检测系统通过在干涉仪上增加显微放大视觉系统，提高了干涉图的横向分辨率，使之能够完成微纳结构的三维表面形貌测量。

干涉显微测量系统根据测量模式要求采集样品表面干涉图以后，就可以应用相应算法对干涉图进行处理，提取相关参数。基于干涉显微原理的表面形貌测量系统实物例图见图 6-12。

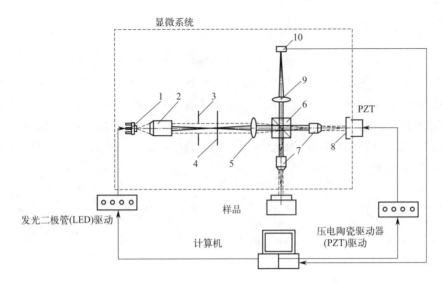

**图 6-11 基于干涉显微原理的表面形貌测量系统组成**

1—LED；2—准直物镜；3—光圈；4—过滤片；5—聚焦透镜；6—分束器；

7—物镜；8—参考镜；9—成像镜头；10—CCD

**图 6-12 基于干涉显微原理的表面形貌测量系统实物例图**

## 6.3.2 CCD 测量

CCD 的全称是电荷耦合器件。CCD 测量系统通常依据其结构细分为线阵 CCD 测试系统和面阵 CCD 测试系统，本节介绍涂布工艺中用于表面缺陷检测的线阵 CCD 测试系统，其内部像元排列方式为线阵，内部具有蓝、绿、红三色滤镜，这三色滤镜对所需要检测的物体进行依次曝光便得出了线阵 CCD 的输出信号，与其他表面形貌测试技术相比，该测试系统具有快速、非接触、可在线测量等优点，因而获得了广泛应用。

CCD 测试系统框图见图 6-13。数据采集部分采用 CCD 摄像机配合镜头，在适当的距离下被置于被测物正上方进行图像采集。

**图 6-13　CCD 测试系统框图**

因为涂布后极片表面会对直射光源有较强的反光，所以光源应放在摄像机的侧面。采用两个光源从两侧照射，是为了使光源在倾斜的角度照射极片表面的情况下依旧可以得到均匀的光照，有利于采集到清晰的图像。采集到的图像上传处理单元，借助图像处理相关技术，可以得到表面缺陷的相关参数。CCD 测试系统硬件设计图见图 6-14。

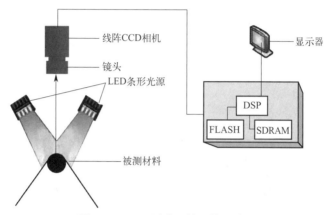

**图 6-14　CCD 测试系统硬件设计图**

DSP—数字信号处理器；FLASH—非易失性存储器（闪存）；SDRAM—同步动态随机存储内存

CCD 测试系统检测到的表面缺陷见图 6-15。

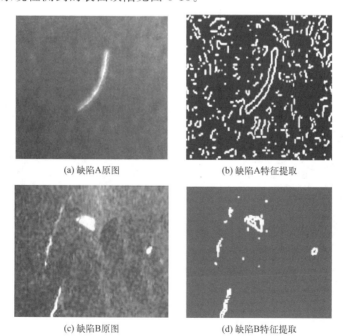

(a) 缺陷A原图　　　　　　　　　(b) 缺陷A特征提取

(c) 缺陷B原图　　　　　　　　　(d) 缺陷B特征提取

**图 6-15　CCD 测试系统检测到的表面缺陷**

# 6.4 电芯内部检测及设备

## 6.4.1 X-CT检测

X射线计算机断层扫描（X-ray compute tomography，X-CT）技术，是基于X光源和射线聚焦技术的显微技术、断层扫描技术和图像处理技术的集成技术。该技术借助穿透性强的X射线，可以获得较高的空间分辨率，可以对电芯和电池电极层、内部缺陷、焊接质量等进行无损伤三维成像，进而实现原位检测。在电池制造工艺中，X-CT技术既可作为离线分析技术用，也可作为在线质量管控手段用。X-CT在线测试系统见图6-16。

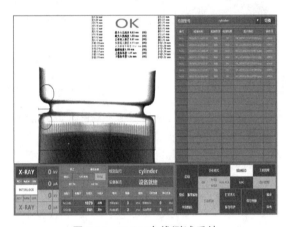

**图6-16　X-CT在线测试系统**

X-CT的工作原理是以测定X射线在物体内的衰减系数为基础，采用数学方法求解出衰减系数值在物体某剖面上的二维分布矩阵，再转变为图像画面上的灰度分布，从而实现重新建立断面图像的现代成像技术。在锂电池电芯中的X-CT装置及扫描结果如图6-17所示。

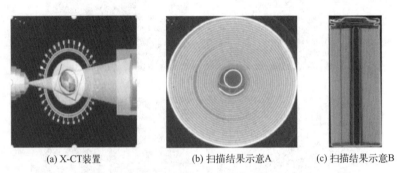

(a) X-CT装置　　　　　　(b) 扫描结果示意A　　　　(c) 扫描结果示意B

**图6-17　锂电池电芯中的X-CT装置及扫描结果**

## 6.4.2 超声检测

在锂电池行业中，常使用空气耦合超声波检测系统对锂电池内部缺陷进行检测，如电解液分布是否均匀、焊接质量、是否存在空气层、是否内部打折、是否有异物等。

空气耦合超声波技术，就是把空气当作耦合剂的技术，借助高功率超声波发射接收器、高灵敏度空气耦合声波探头以及高信噪比的信号增幅器，完成电芯电池内部特征的检测。该技术具有非接触、无污染和无损等优点。

空气耦合超声波检测锂电池的系统框图如图 6-18 所示。首先通过高功率信号发生器激励发射探头发出超声波，超声波经过锂电池后被接收探头获取，再经放大器对信号进行滤波放大，被信号接收器接收，经数据采集卡输入计算机。计算机通过控制电机运动控制器和扫描架来实现特定参数的扫描任务，最后形成相关的扫描图像，实现对锂电池的检测。

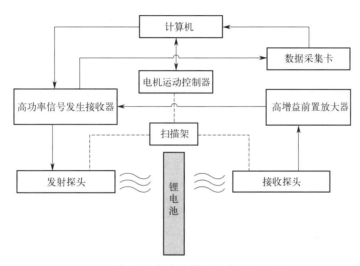

图 6-18　空气耦合超声波检测锂电池的系统框图

### 6.4.3　红外热成像检测

红外热成像检测系统是利用红外探测器和光学成像物镜接收被测目标的红外辐射能量，并以分布图形的形式反映到红外探测器的光敏元件上，从而获得红外热像图，这种热像图与物体表面的热分布场相对应。红外热成像仪的工作原理如图 6-19 所示。

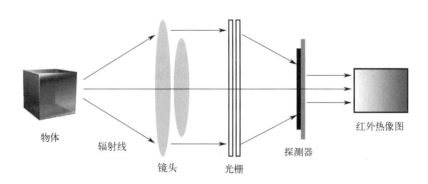

图 6-19　红外热成像仪的工作原理

红外热成像检测系统常用于检测锂电池电极的涂布质量，以及电芯和成品电池的温度情况。检测电极涂布质量（面密度）和孔隙率的原理如图 6-20 所示。对电极进行短暂加热，然后利用红外相机对电极的温度进行检测。电极温度的升高受到电极孔隙率和涂布质量的双重影响，通过对电极温度升高的参数进行逆推导，配合实时的电极厚度测量，进而获得电极孔隙率等参数。实物图如图 6-21 所示。

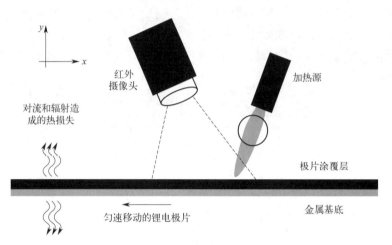

图 6-20　红外热成像技术测量电极涂布质量和孔隙率原理示意图

图 6-21　红外热成像技术测量电极涂布质量和孔隙率实物图

 **思考题**

1. 锂电池制造测量与缺陷检查的目的是什么？
2. 锂电池制造过程测量的内容有哪些？
3. 什么是合浆黏度？合浆黏度对制造质量有什么影响？
4. 锂电池过程质量控制方法有哪些？
5. 如何进行锂电池厚度测量？方法有哪些？

 参考文献

[1] 王海珊,史铁林,廖广兰,等.基于干涉显微原理的表面形貌测量系统 [J]. 光电工程,2008 (7):84-89.

[2] 李娟.白光显微干涉表面形貌三维测量系统的研究 [D]. 武汉:华中科技大学,2012.

[3] 丁晓炯.在线黏度计在锂电池生产中的应用 [J]. 电源技术,2017,41 (5):705-707.

[4] 宗继月,孙先富,李文康,等.一种在线测试锂离子电池正负极浆料粘度的系统:CN210923392U [P]. 2020-07-03.

[5] 梁旭飞,雷振宇.极片涂布尺寸的检测控制系统和方法:CN111495702A [P]. 2020-08-07.

[6] 赵晓云,郑治华,韩洪伟,等.锂电池极片表面缺陷特征提取方法研究 [J]. 河南科技,2017 (5):137-139.

[7] 郑岩.基于DSP的锂电池电极表面缺陷检测系统 [D]. 秦皇岛:燕山大学,2014.

[8] 赵宇峰,高超,王建国.基于机器视觉的工业产品表面缺陷检测算法研究 [J]. 计算机应用与软件,2012,29 (2):152-154.

# 第7章

# 锂电池智能制造及智能工厂

智能制造基于新一代信息通信技术与先进制造技术深度融合，贯穿设计、生产、管理、服务等制造活动的各个环节。国内外的制造业都在不同程度地经历着从传统制造到智能制造的转型升级。在经过了近十年的突飞猛进之后，锂电池的制造技术已经成为智能制造技术发展的标杆。一座座智能工厂在世界各地拔地而起，保证了锂电池的高品质、高效率、大规模生产。

标准是构成国家核心竞争力的基本技术要素，是规范经济和社会发展的重要技术制度。电池智能制造及装备的标准化活动是锂电池产业发展的基础，是大规模锂电池智能制造提升质量、提升效率、降低成本的根本保证，同时也是实现锂电池产品互换、相互比较、共同进步的技术保证。

## 7.1 电池制造及装备标准

标准化是指"为了在既定范围内获得最佳秩序，促进共同效益，对现实问题或潜在问题确立共同使用和重复使用的条款以及编制、发布和应用文件的活动"。标准化是经济活动和社会发展的一个技术支撑，在保障产品质量安全、促进产业转型升级和经济提质增效、服务外交外贸等方面起着越来越重要的作用。我国既是锂电池使用大国，同时也是锂电池制造大国，应尽快全面启动锂电池制造系统和标准化路线图的研究，以更好地发挥标准在锂电池制造、装备开发、数字化车间建设过程中的技术支撑作用。

按照《中华人民共和国标准化法》中规定，标准包括国家标准、行业标准、地方标准、团体标准、企业标准。其中，企业标准是对企业范围内需要协调统一的技术要求、管理要求和工作要求所制定的标准。国家支持在重要行业、战略性新兴产业、关键共性技术等领域利用自主创新技术制定团体标准、企业标准。企业标准其要求不得低于相应的国家标准或行业标准的要求，指标低于国家标准和行业标准的企业标准为无效标准。企业标准由企业制定，由企业法定代表人或法定代表人授权的主管领导批准、发布。如企业标准代号为"Q/GE"，代表深圳吉阳智能科技有限公司企业标准。

### 7.1.1　锂电池标准体系及作用

以动力锂电池为例，其标准体系见图 7-1，主要包括设计规范、安全标准、环保标准、使用环境标准、技术要求标准、制造标准、性能测试标准、可靠性标准、车用锂电池标准、充电标准、电池组标准等。锂电池制造标准主要包括制造工艺标准、制造装备标准、智能制造标准等，本节将重点介绍锂电池制造标准的相关内容。

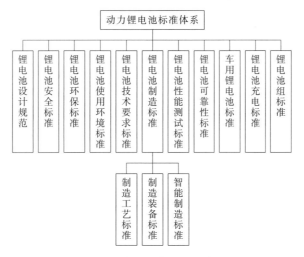

**图 7-1　动力锂电池标准体系**

锂电池智能制造装备作为电池制造的基础，其发展同样离不开标准化。锂电池制造系统标准化既对上游的电池制造装备有重要的作用，同时对下游电池制造、电池质量的提高、电池生产效率的提升都有着十分重要的促进作用。

**（1）有利于锂电池质量的提高**

电池制造及装备标准化程度低，使装备无法实现规模化制造，加之锂电池生产工艺的复杂性，使锂电池的质量和一致性很难得到精确控制。在锂电池生产的每一个工序当中都存在对电池质量有重要影响的因素，只有建立在相同标准的基础上对所得到的锂电池制造过程数据进行统计、分析，才能全面准确把控相关参数对电池质量影响的机理，建立优化模块，实现锂电池制造的闭环控制，最终实现锂电池质量的全面提升。锂电池制造设备的标准化是提高电池质量强有力的手段。另外，锂电池生产设备类型的标准化，也有助于实现锂电池的智能制造，运用工业物联网技术、通信技术等搭建高度集成的锂电池数字化车间，对整个锂电池生产线乃至整个锂电池制造车间实现实时监控，采集所有影响电池质量的相关数据，同时结合生产出来电池产品的数据，对电池质量进行分析，对工艺进行改善，提高锂电池的质量，从而促进整个锂电池行业质量的提升。

**（2）有利于锂电池生产效率的提升**

锂电池制造及装备标准化，有助于设备的标准化开发、设计，能够改变目前设备种类繁多、标准不统一、生产效率较低的情况。标准的根本目的就是统一和规范，锂电池制造及装备标准的统一，能够使锂电池设备商开发出标准化的高质量装备。装备企业实现规模化制造，对于下游锂电池企业而言，能够有效减少产线类型，提高产线之间的互换性，实现电池的规模化生产，有效提高锂电池的生产效率。另外，锂电池制造及装备标准化也有助于锂电池企业数字化车间建设。锂电池制造过程复杂，需要管控的质量因素繁多，制造过程中的物料、环境、设备等因素都会对锂电池质量有重要影响，而锂电池制造及装备标准化，有利于实现生产过程中的设备信息、过程信息、管理信息与其他系统之间的互联互通。通过提高装备的智能化可实现对锂电池制造过程的实时监控，提高电池的制造质量，对后续锂电池的质量追溯和工艺分析提供了有力的支撑。同时，制造装备标准化、智能化程度的提高也会减少生产线操作人员的数量，提高锂电池的生产速率，缩短锂电池的制造周期。

### （3）有利于锂电池制造装备质量的提高

电池制造及装备标准化程度低，导致制造装备型号规格增多，很难实现装备的规模化生产。制造设备的种类增加，装备制造企业研发和生产成本增加，无法让装备制造企业集中更多的人力、财力来专门集中研究某款设备，生产出来的设备很难做到专而精，最终很难使电池质量提高。另外，没有实现标准化，设备开发周期更长，设备的通用性、互换性差，这些都会影响锂电池制造装备产业和下游电池产业的发展。锂电池制造及装备标准化，能够使电池生产企业减少不同类型电池生产线的数量，集中财力和物力专注于一种或几种具体尺寸规格电池的研发，实现规模化生产，同时锂电池装备企业也能专注于具体某类设备的开发，"精"而"专"的电池制造装备和电池生产方式才能让装备企业和锂电池生产企业实现技术的沉淀和突破，最终实现装备质量和电池质量同步提升。

### （4）有利于锂电池生产成本的降低

锂电池制造及装备的标准统一以后，对锂电池企业而言，便于规模化生产，制造装备也可以实现标准化，有利于生产线种类的减少，有利于研发成本和制造成本的降低。锂电池制造及装备的标准化，对锂电池制造装备的开发、设计、制造有着决定性影响，锂电池生产企业会依据电池制造标准对生产线进行标准化布局，可进行标准化、规模化生产，降低了锂电池装备企业的研发成本，缩短了装备的开发周期，提高了锂电池制造装备的生产效率。锂电池制造及装备的标准化，新能源汽车企业在研发新产品时，可依据锂电池制造及装备选择固定的模块来设计产品的锂电池系统，有利于新产品的开发，缩短开发周期，同时不同产品也可选择相同的制造标准工艺，有利于锂电池的互换性，降低企业的研发成本和生产成本。

### （5）有利于锂电池的回收再利用

锂电池回收再利用是整个锂电池产业链中一个十分重要的环节。国家对锂电池的回收再利用高度重视，锂电池回收再利用的标准化程度较低，使锂电池的回收再利用难度加大。不管是锂电池的梯次利用，还是再生利用，非标准化作业会让锂电池回收企业设备增多、工作难度加大、成本增加，因此锂电池回收再利用很难实现规模化作业，降低了锂电池回收的效率和再利用的质量，甚至个别锂电池回收企业只针对具体规格尺寸的锂电池进行回收，这些情况对整个锂电池回收利用产业极为不利。锂电池回收再利用制造及装备标准化，有利于减少锂电池回收装备的种类，有利于锂电池回收的标准化作业，减少回收锂电池再加工利用的产线数量，提升对不同锂电池企业产品回收利用的兼容性，提高锂电池回收再利用的效率及质量，可以大幅降低锂电池回收再利用的生产成本。

## 7.1.2 锂电池制造装备标准

标准化建设是推进锂电池智能制造的先机和制高点，是锂电池产业发展和企业竞争的关键所在。锂电池行业属于新能源行业，是近些年迅速发展起来的新兴产业，与其他成熟制造行业相比，锂电池行业制造装备，特别是锂电池制造方面的标准化严重滞后，标准缺失、交叉重复、行业发展不平衡等问题比较突出。国际上没有一个完善的标准体系以及专门的标准管理归口机构来管理锂电池智能制造装备的标准化工作，这严重制约着锂电池制造的速率和质量。因此，对锂电池智能制造装备标准体系进行研究是非常必要的。通过建立完善的标准体系来引领全国锂电池制造走标准化道路、走智能制造道路，实现锂电池制造高效、优质、快速发展。

中国在锂电池制造装备的标准化工作方面，走在世界的前列，已立项、发布多项国家或行业标准，如表7-1所示。2020年9月由深圳吉阳智能科技有限公司主导，组织相关领域的锂电池企业、锂电池智能制造装备企业、科研机构、第三方检测机构以及行业内专家，向全国自动化系统与集成标准化技术委员会（SAC/TC159）申请成立了全国自动化系统与集成标准化技术委员会锂电池智能制造装备标准化工作组（SAC/TC159/WG18），负责全国锂电池智能制造装备标准体系的建立和维护，以及相关领域的国家标准、行业标准的制修订工作。

表 7-1　锂电池智能制造装备领域的国家或行业标准

| 标准类型 | 标准号/项目号 | 标准名称 | 发布时间 | 状态 |
| --- | --- | --- | --- | --- |
| 国家标准 | GB/T 38331—2019 | 锂离子电池生产设备通用技术要求 | 2019.12.10 | 已发布 |
| | 20213027-T-604 | 动力电池数字化车间集成　第1部分：通用要求 | — | 立项审批 |
| 行业标准 | JB/T 12763—2015 | 锂离子电芯卷绕设备 | 2015.10.10 | 已发布 |
| | JB/T 14230—2022 | 锂离子电池极片涂布机 | 2022.10.20 | 已发布 |
| | JB/T 14231—2022 | 锂离子电芯叠片机 | 2022.10.20 | 已发布 |
| | 2020-0864T-JB | 锂离子电池浆料高速分散设备 | — | 已立项 |
| | 2020-0865T-JB | 锂离子电池用连续式真空干燥系统规范 | — | 已立项 |
| | 2020-0866T-JB | 锂离子电池分条机 | — | 已立项 |
| | 2020-0867T-JB | 锂离子电池自动封口设备 | — | 已立项 |
| | 2020-0868T-JB | 锂离电池自动套管机 | — | 已立项 |
| | 2020-0869T-JB | 锂离子电池浆料搅拌机 | — | 已立项 |
| | 2020-0870T-JB | 锂离子电池X射线检测设备 | — | 已立项 |

注：动力电池数字化车间集成系列标准也属锂电池智能制造装备标准体系。

现行国家标准中有关锂电池智能制造装备的标准，只有《锂离子电池生产设备通用技术要求》（GB/T 38331—2019）一项，作为锂电池智能制造装备领域的基础标准，对标准体系的建立以及相关标准的制定工作具有重要的指导意义，同时对锂电池的制造也具有重要的参考价值。另外，《动力电池数字化车间集成　第1部分：通用要求》已报国家标准委申请立项。

国内锂电池智能制造装备领域的标准化工作已有一定的基础，也建立了相关领域的标准管理归口机构，但从整个锂电池智能制造装备行业来看，标准还是十分匮乏。

# 7.2 智能数字化车间

智能数字化车间是以现代化信息、网络、数据库、自动识别等技术为基础，通过智能化、数字化、MES系统信息化等手段融合建设的数字化生产车间，精细地管理生产资源、生产设备和生产过程。随着智能制造的逐步深入发展，未来的工业和制造业要求会越来越高，数字化车间是工业改革的关键一步。基于生产设备、生产设施等硬件设施，数字化车间以工业互联网和大数据为核心，对工艺设计、生产组织、过程控制等环节进行优化管理。

## 7.2.1 工业互联网架构

工业互联网是新一代信息通信技术与工业经济深度融合的新型基础设施、应用模式和工业生态，通过对人、机、物、系统等的全面连接，构建起覆盖全产业链、全价值链的全新制造和服务体系，为工业乃至产业数字化、网络化、智能化发展提供了实现途径，是第四次工业革命的重要基石。

**(1) 锂电池制造工业互联网的核心和特点**

锂电池制造工业互联网是链接工业全系统、全产业链、全价值链，支撑工业智能化发展的关键基础设施，是新一代信息技术与制造业深度融合形成的智能化制造、网络化协同、个性化定制、服务化延伸、数字化管理等新兴业态和新模式，促进产业的数字化、信息化、智能化转型。锂电池制造工业互联网应具有三大核心和四大特点。

① 三大核心 一是面向机器设备运行优化的闭环。其核心是基于对机器操作数据、生产环境数据、感应器数据的实时感知和边缘计算，实现机器设备的动态优化调整，构建智能机器和柔性产线。

二是面向生产运营优化的闭环。其核心是基于信息系统数据、制造执行系统数据、控制系统数据的集成处理和大数据建模分析，实现生产运营管理的动态优化调整，形成各种场景下的智慧生产模式。

三是面向企业协同、用户交互与产品服务优化的闭环。其核心是基于供应链数据、用户需求数据、产品服务数据的综合集成与分析，实现企业资源组织和商业活动的创新，形成网络化协同、个性化定制、服务化延伸等新模式。

② 四大特点 泛在连接，即具备对设备、软件、人员等各类生产要素数据的全面采集能力。

云化服务，即实现基于云计算架构的海量数据存储、管理和计算。

知识积累，即能够提供基于工业知识机理的数据分析能力，并实现知识的固化、积累和复用。

应用创新，能够调用平台功能及资源，提供开放的工业APP开发环境，实现工业APP创新应用。

**(2) 锂电池制造工业互联网平台架构**

工业互联网平台是面向制造业数字化、网络化、智能化需求，构建基于海量数据采集、汇聚、分析的服务体系，支撑制造资源泛在连接、弹性供给、高效配置的工业云平台，包括边缘、平台（工业 PAAS）、应用三大核心层级。锂电池制造工业互联网平台架构如图 7-2 所示。

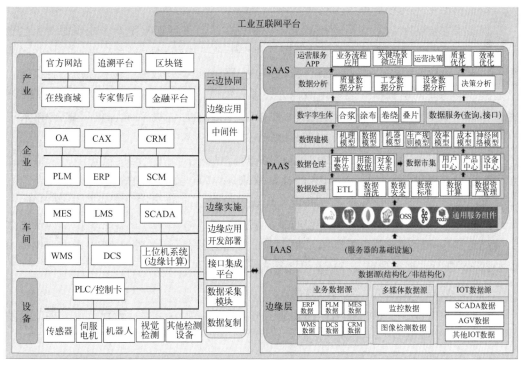

**图 7-2　锂电池制造工业互联网平台架构**

SAAS—软件即服务；PAAS—平台即服务；IAAS—基础设施即服务；OA—办公自动化系统；

CAX—计算机辅助；CRM—客户关系管理；PLM—产品生命周期管理系统；ERP—企业资源计划；

SCM—供应链管理；MES—制造执行系统；LMS—产线管理系统；SCADA—数据采集与监控系统；

WMS—仓库管理系统；DCS—集散式控制系统；PLC—可编程逻辑控制器；IOT—物联网；

AGV—中德导引运输车；ETL—数据抽取、转换、加载

工业互联网平台分为四个层级。第一层是边缘层，主要是对生产车间和生产过程中的数据进行数据采集；第二层为 IAAS 层，IAAS 在当前互联网环境下非常成熟，主要是指一些服务器的基础设施包括存储、网络、虚拟化；第三层为工业 PAAS 层，PAAS 层是核心，工业 PAAS 层分成了上半部分和下半部分，下半部分是工业 PAAS 层的通用部分，包含了数据存储、数据转发、数据服务、数据清洗，而上半部分是基于工艺经验形成的算法和模型；第四层为 SAAS 层，是工业互联网平台发展的后面阶段，我们会发现有很多 APP 来解决智能制造中不同业务场景下的各种问题，来提升生产产品的质量和效率。

企业中各信息化系统通过边缘层对数据进行采集、过滤、计算后将数据集成到工业互联网平台中，数据源的类型一般为结构化数据或非结构化数据，工业互联网平台把设备、生产线、员工、工厂、仓库、供应商、产品和客户紧密地连接起来，共享工业生产全流程的各种要素资源，使其数字化、网络化、自动化、智能化，从而来提高生产效率和降低成本。

整个架构流程为：数据采集→数据处理（ETL）→数据仓库、数据市集→数据建模→数字孪生体、数据服务→数据分析→运营服务 APP。通过一系列对数据的传输、处理、分析、计算、应用，从而提升先进锂电池制造数字化管控的能力。

**（3）锂电池制造设备层与车间层集成**

设备层主要是由 PLC 或运动控制卡来控制设备从而进行正常生产，控制的对象包含传感器、伺服电机、机器人等。视觉检测一般由上位机中视觉检测系统来进行控制和检测，对于其他检测系统，如短路测试仪、扫码枪等外部设备一般由上位机系统进行控制。

设备层与车间层数据一般常用两种方式进行集成。第一种方式为 PLC 直接与 MES 进行数据集成；第二种方式为 PLC 将数据上传送给上位机系统、集散式控制系统（DCS）等，再通过上位机系统和 MES 进行数据集成。

锂电池 MES 对生产过程的数据进行采集和信息交互，由于连接设备多，采集数据量大，信号交互频繁，因此对 MES 的性能要求非常高。如果 MES 出现报错或者信号交互延时的情况，会造成数据丢失和设备停机等问题。车间生产过程一般为流程制造，若生产过程中关键工序设备停机，会间接造成整线停机，影响到正常的生产。为避免此类情况的发生，建议采用以上的第二种方式，数据先保存到上位机系统，再由上位机系统和 MES 进行数据集成，让 MES 和设备之间进行解耦。

**（4）产业层与企业层、车间层集成**

产业层与企业层、车间层的系统集成一般采用接口的方式进行数据集成，采用的技术为 Web API 或 Web Service 的方式，系统接口集成的工作流程如图 7-3 所示。

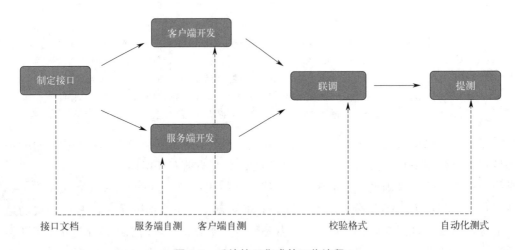

**图 7-3　系统接口集成的工作流程**

依据图 7-3，首先编写统一交互的接口文档，在接口文档中定义清楚字段和接口相关信息，应用系统之间集成一方为客户端，另外一方为服务端，两者根据接口文档同时进行业务功能的开发和联调，然后对交互数据格式进行校验，最后进行自动化测试，完成信息系统数据的集成工作。

**（5）锂电池制造边缘计算实施和边缘协同**

随着更多的设备连接，更多的数据产生，算力资源不仅需要云平台或数据中心承担，也需要在边缘进行预处理，而这些新应用场景都会让整个边缘产生新的算力、业务实时性及数据的安全性与隐私性等需求。由于应用越来越复杂化，整个行业正经历从传统架构 C/S 到 B/S 再到"云、管、端"协同的演变，与纯粹的云端解决方案相比，将云端的能力进行下放，边缘侧的混合方案可以减少延迟、提高可扩展性、增强对信息的访问量，并使业务开发变得更加便捷。企业只有结合边缘侧的混合架构，才能给智能工厂提供快速且几乎不受阻碍的连接。

锂电池的智能制造也应该采用结合边缘侧的混合架构进行工业互联网平台的设计，结合工厂的情况，进行边缘的实施，开发边缘侧的软件平台和中间件，进行数据集成、数据预处理、边缘存储、边缘计算等工作。

## 7.2.2 制造大数据分析

### (1) 工业大数据分析技术介绍

工业大数据是工业领域相关数据集的总称，是工业互联网的核心，是智能制造的关键。作为工业大数据的核心技术之一，工业大数据分析技术是工业智能化发展的重要基础和关键支撑。工业大数据分析是利用统计学分析技术、机器学习技术、信号处理技术等技术手段，结合业务知识对工业过程中产生的数据进行处理、计算、分析并提取其中有价值的信息、规律的过程。

制造系统中问题的发生和解决的过程中会产生大量数据，通过对这些数据的分析和挖掘可以了解问题产生的过程、造成的影响和解决的方式，这些信息被抽象化建模后转化成知识，再利用知识去认识、解决和避免问题，其核心是从以往依靠人的经验，转向依靠挖掘数据中隐性的线索，使得制造知识能够被更加高效和自发地产生、利用和传承。因此，问题和知识是目的，而数据则是一种手段。今天我们来谈利用大数据实现智能制造，是因为大数据已经成为一个日益明显的现象，而在制造系统和商业环境变得日益复杂的今天，利用大数据去解决问题和积累知识或许是更加高效和便捷的方式。

工业大数据的目的并不是追求数据量的庞大，而是通过系统式的数据收集和分析手段，实现价值的最大化。所以推动工业价值转型和智能制造的并不是大数据本身，而是大数据分析技术所带来的洞察、行动的准确性与速度。在新制造革命的转型中，更加有效地积累和利用数据资源并进行知识的传承，决定了能否在新竞争环境中脱颖而出。

### (2) 大数据分析步骤

锂电池制造企业开展大数据分析，首先应开展业务调研和数据调研工作，明确分析需求；其次应开展数据准备工作，即数据源选择、数据抽样选择、数据类型选择、缺失值处理、异常值检测和处理、数据标准化、数据簇分类、变量选择等；再次应进行数据处理工作，即进行数据采集、数据清洗、数据转换等工作；最后开展数据分析建模及展现工作。大数据分析建模需要进行 5 个步骤，即选择分析模型、训练分析模型、评估分析模型、应用分析模型、优化分析模型。

① 选择分析模型　基于收集到的业务需求、数据需求等信息，研究决定选择具体的模型，如行为事件分析、漏斗分析、留存分析、分布分析、点击分析、用户行为分

析、分群分析、属性分析等模型，以便更好地切合具体的应用场景和分析需求。

②训练分析模型　每个数据分析模型的模式基本是固定的，但其中存在一些不确定的参数变量或要素，通过其中的变量或要素适应变化多端的应用需求，这样模型才会有通用性。企业需要通过训练模型找到最合适的参数或变量要素，并基于真实的业务数据来确定最合适的模型参数。

③评估分析模型　需要将具体的数据分析模型放在其特定的业务应用场景下（如物资采购、产品销售、生产制造等）对数据分析模型进行评估，评价模型质量的常用指标包括平均误差率、判定系数，评估分类预测模型质量的常用指标包括正确率、查全率、查准率、受试者操作特征曲线（ROC曲线）和AUC值（ROC曲线下与坐标轴围成的面积）等。

④应用分析模型　对数据分析模型评估测量完成后，需要将此模型应用于业务基础的实践中去，从分布式数据仓库中加载主数据、主题数据等，通过数据展现等方式将各类结构化和非结构化数据中隐含的信息显示出来，用于解决工作中的业务问题，比如预测客户行为、科学划分客户群等。

⑤优化分析模型　企业在评估数据分析模型中，如果发现模型欠拟合或过拟合，说明这个模型有待优化。在真实应用场景中，定期进行优化，或者当发现模型在真实的业务场景中效果不好时，也要启动优化，具体优化的措施可考虑重新选择模型、调整模型参数、增加变量因子等。

### 7.2.3　数字化车间数据集成

**（1）数字化车间现场网络架构**

锂电池制造数字化车间网络架构的设计、软/硬件系统的配置要求应根据锂电池数字化车间的特点和功能需求确定，其网络架构如图7-4所示。

车间网络通信方式应满足以下要求：

①对于响应时间为微秒、毫秒级的传感器、电机与控制器（如PLC）之间的通信，应采用现场总线或工业以太网等网络连接；

②对于响应时间为毫秒、秒级的控制器之间、控制器与信息系统之间的通信，应采用工业以太网等网络连接；

③对于响应时间为秒级的信息系统之间的通信，应采用以太网等网络连接。

**（2）数据集成架构**

数据集成是把不同来源、格式、特点性质的数据在逻辑上或物理上有机地集中组合成可信的、有意义的、有价值的信息，从而为用户提供全面的数据共享。它是技术和业务流程的组合。锂电池数字化车间数据集成架构如图7-5所示。

先进锂电池智能制造需要建立起体系化的生产执行制造及应用服务平台，图7-5描述了该平台的架构，平台分为L1~L5五层架构。

L1为现场设备层，主要包括锂电池生产设备，通过建立规范的数据字典对设备对象进行抽象描述，实现设备数据采集与集成，利用智能硬件和软件算法实现边缘计算及工序闭环。

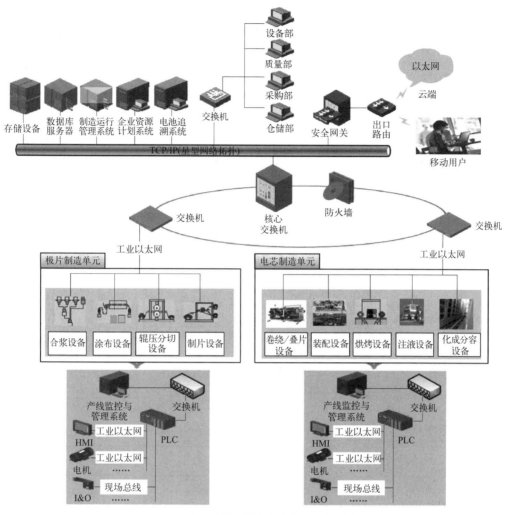

**图 7-4　锂电池制造数字化车间现场网络架构**

L2 为产线控制层，按锂电池制造过程分工段实现产线生产过程管控，同时实现本地数据处理及数据向上层系统分发，使用私有云及雾计算的方式实现产线闭环。

L3 为生产执行层，实现车间级的生产过程管控，同时与企业运营管理系统、决策系统集成，利用云计算等技术手段实现数字化车间全闭环。

L4 为运营管理层，包括 PLM、ERP 等工厂信息化系统，实现工厂级的资源调度，包括设计、生产、物流、库存、订单、财务等资源的优化整合。

L5 为战略决策层，主要是构建科学的企业级经营决策体系，利用全面准确的数据分析，形成一系列应用服务系统，给企业运营、战略决策提供有力的支持。

**（3）数据集成信息流**

锂电池数字化车间制造过程数据集成主要信息流如图 7-6 所示。

制造过程数据集成主要信息流如下：

① 制造运行管理从企业资源计划接收物料定义，从产品数据管理接收生产工艺和质量要求，实现工艺数据同步。

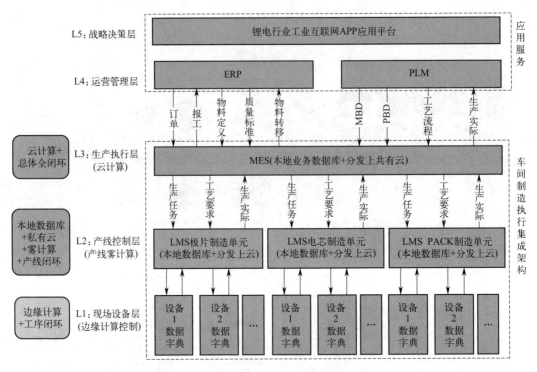

**图 7-5 锂电池数字化车间数据集成架构**

APP—应用程序；ERP—企业资源计划系统；PL—产品生命周期管理系统；MBD—基于模型的定义；
PBD—公共数据中心；LMS—产线管理系统；MES—制造执行系统；PACK—组装

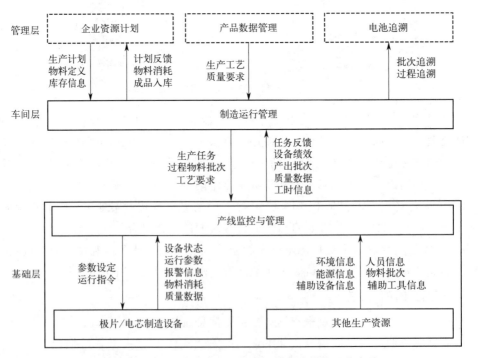

**图 7-6 锂电池数字化车间制造过程数据集成主要信息流**

② 制造运行管理从企业资源计划接收生产计划和库存信息，把计划转成生产订单，再根据工艺路线分解成产线级或单元级的生产任务，排产后下发。

③ 产线监控与管理接收生产任务以及对应的工艺要求，把设定值下发给制造设备，并通知设备进行生产。

④ 制造设备从产线监控和管理接收指令按要求进行生产，在生产过程中反馈设备状态、运行参数、物料消耗、质量数据给产线监控与管理，当出现异常时发出报警。

⑤ 产线监控与管理从制造运行管理接收物料批次信息，同时在生产过程中获取相关的操作人员、原辅料、辅助工具等的生产资源信息。

⑥ 设备生产完成后，产线监控和管理汇总出生产任务的完成情况，包括产出批次、物料消耗、质量数据、工时信息等，反馈给制造运行管理，实现任务闭环，同时统计出设备效率等绩效指标反馈给制造运行管理。

⑦ 制造运行管理获取各工艺段生产任务的执行结果，汇总出计划的完成情况，包括物料产出和消耗等，反馈给企业资源计划，实现计划闭环；同时把成品入库信息反馈给制造运行管理，形成物资的闭环。

⑧ 制造运行管理汇总出从原料到成品的批次追溯关系，以及生产过程追溯信息，反馈给电池追溯系统。

**（4）数据采集方式及数据集成要求**

锂电池数字化车间各组成单元之间的数据采集的层次如图 7-7 所示。

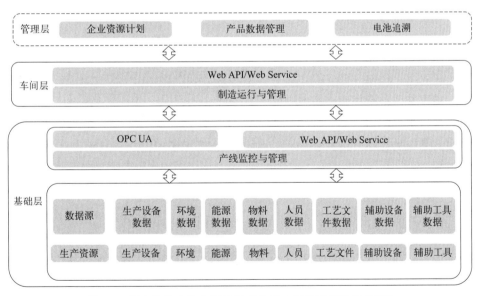

**图 7-7　锂电池数字化车间各组成单元之间的数据采集的层次**

车间数据采集主要包括基础层、车间层、管理层三个层次，不同的数据类型对应不同的采集方式。其中，人员数据应通过人工录入系统或扫码、射频识别（RFID）等方式进行数据采集；设备数据包括传感器数据、文档数据、数据库数据、接口数据等，有以下几种采集方式：

① 传感器数据应通过输入输出或通信（如现场总线或工业以太网）等方式进行采集；

② 文档数据包括设备运行过程记录信息、CCD 检测图片、设备在线测试记录数据等，应通过直接从设备拷贝或通信等方式进行采集；

③ 数据库数据应通过数据库同步的方式进行采集；

④ 接口数据应通过设备开放的特定接口（如 Web API 或 Web Service）进行采集；

⑤ 物料数据应通过人工录入系统、扫码或直接从信息系统读取等方式进行采集；

⑥ 能源数据应通过人工记录或从水、电、气等计量仪器自动读取的方式进行采集；

⑦ 环境数据应通过人工记录或从温度、湿度、粉尘等计量仪器自动读取的方式进行采集；

⑧ 辅助工具包括各种质量检测仪器等，应通过人工记录或自动读取的方式进行采集。

# 7.3 锂电池智能制造与智能工厂

锂电池智能制造工厂是实现电池产品目标的基础设施，建成的工厂应该满足生产质量、效率、环保要求，满足高质量、高效、低成本生产的要求。智能工厂建设，首先考虑工厂建设规范、环保要求、建设目标及规模、生产产品的定义、生产大纲、工厂建成后的技术经济指标等；其次进行电池设计、工艺流程设计、设备选择与开发、设备安装施工、设备调试验证、优化提产，最终竣工验收。满足设计目标的要求即认为工厂建设完成。在工厂建设中，制造产品的选择及技术经济指标、工厂设计、综合指标分解、设备选择及开发是智能工厂建设的核心环节。

## 7.3.1 锂电池智能工厂建设

### （1）锂电池工厂建设的基本原则

在满足电池性能前提下，锂电池制造工厂建设要综合考虑电池制造的安全、合格率、效率、系统的柔性及建成的速度，以快速适应市场的需求，从而产生最大的经济效益。

### （2）锂电池大规模生产的条件

为了满足锂电池快速增长的市场需求，如何保证锂电池的大规模生产是目前需要重点考虑的问题。高质量、高安全性、低成本是行业一直以来对锂电池生产的追求，也是保证大规模生产的关键。综合考虑目前的电池技术、材料、装备的保障能力，锂电池大规模智能制造应满足如下基本条件：

① 生产型号单一化：单产线生产的尺寸规格型号有 $1 \sim 2$ 个。

② 整线制造能力：4GWh 以上，单台设备的产能不小于 $0.5 \sim 1.0$GWh。

③ 制造合格率：大于 $96\%$。

④ 材料利用率：大于 $95\%$。

⑤ 安全控制、环境、环保指标、能耗指标控制优化措施。

⑥ 来料数字化、过程数字化、设备网络互联、大数据优化。

**（3）制造合格率分解**

锂电池电芯工厂主要分为六大模块，如图 7-8 所示。在选择合理的电池结构后，锂电池设计的首要任务是针对合格率指标，根据制程控制的难易程度和可能达到的目标，将总体合格率目标按照核心影响因素原则分解到各大模块，确定模块的关键产品特性（key product characteristics，KPC）的复杂过程能力指数（CPK），再进一步将 CPK 分解到模块内的核心工序。然后，根据各个工序工艺方法的关键控制特性（key control characteristics，KCC）可能达到的 CPK 值和设备投入进行综合分析，总体核算整线设备投入、各个工序控制点 CPK 的保证能力、可靠性、稳定性，达到设备投入与制造质量的最优化。在设备规划时，一般根据工序质量控制的难易程度及产线投入成本进行 CPK 综合分解平衡，反复迭代优化到最佳设计。

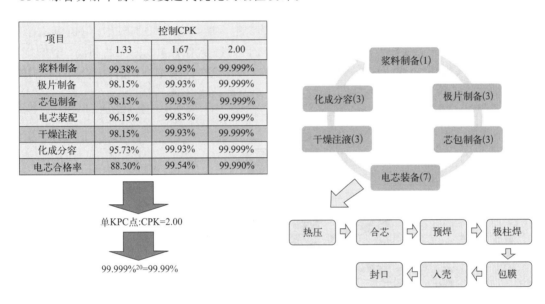

括号中数字为模块KPC质量控制点数量，共计20个

**图 7-8 锂电池制造合格率目标分解**

由于这些设备是由各个不同的厂商提供的，采用的也是多种不同的协议和标准，更面向各种不同的应用要求。因此智能工厂集成不仅需要将不同厂家提供的不同产品结合在一起，还要有科学的方法让它们能够互联、互操作，不产生冲突。更为重要的是，整个系统要达到系统性能最优、成本最低、生产产品的质量最好，同时将来容易扩充和维护。

**（4）锂电池生产设备选择原则**

① 设备选择原则　锂电池生产设备的选择应遵循以下几个原则：

a. 技术先进性：设备采用先进技术，可满足高效、高质量的生产要求，设备的技术指标包括制造合格率、效率、稳定性、设备综合效率（OEE）。

b. 生产适应性：设备的整体技术与实际生产情况是相适应的。

c. 经济合理性：设备的采购成本相对来说是合理、可接受的，同时设备的整体布局合理，占地面积尽可能小，方便厂房布局。

d. 相互兼容性：设备采用的接口与控制协议同其他设备是相互兼容的，网络连接方便，系统集成方便。

e. 人机友好性：系统操作界面合理易懂，操作简单；同时设备换型方便，维护方便。

② 设备综合选择　设备是提升制造合格率和制造效率的基础，设备投入影响设备的质量，从而影响电芯制造的合格率。如图7-9所示，纵轴代表成本（设备投入成本、合格率变化引起的成本），横轴代表合格率。图中曲线①为设备投入曲线，设备投入增加，合格率随之提升；曲线②为由于合格率提升减少成本损失；曲线③为曲线①与②的合成。从曲线③可以看出，设备投入增加，合格率得到提升，综合成本会逐步下降。但随着设备投入持续增加，合格率提升有限，因而综合成本反而会上升。所以，设备的投入与成本有一个最优点，这个点就是设备投入的最佳选择。以1GWh产能为例，设备投入约3亿元，如果设备投入追加10%，按照6年折旧，1Wh增加成本0.005元。如果追加的设备投入，使得产品的合格率提升1%，则每年增加500万元的利润。这就是说，设备投入增加10%，制造合格率如果提升1%，综合起来是合算的。当然，设备投入的最佳点也可以建立成本模型，构筑优化算法，获得最佳点。

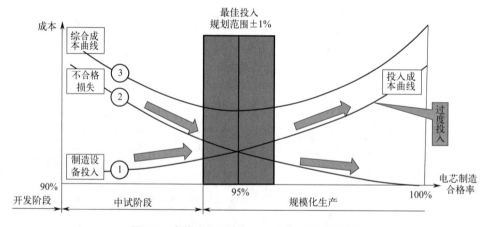

**图7-9　合格率与设备投入、制造损失的关系**
①设备投入曲线；②制造不合格导致的质量损失；③综合成本曲线

### (5) 智能工厂设计流程

锂电池智能工厂的规划建设是一个十分复杂的系统工程，需要进行详细的论证规划，严谨的方案评审，最后才能落地实施。智能工厂的设计流程如图7-10所示。

锂电池智能工厂的规划设计一般分6个步骤进行：

① 确定发展战略　企业发展战略是对企业长远发展的全局性谋划，它是由企业的愿景、使命、政策环境、长期和短期目标及实现目标的策略等组成的总体概念，是企业一切工作的出发点和归宿。

② 详细的市场调研分析　确定项目产品的应用领域，是乘用车、商用车、物流车还是专用车等，根据市场情况，确定项目的规模，预估产品的价格定位，同时，对企业可持续发展的竞争能力需求进行调研分析。

③ 确定工厂的总体目标　根据识别出的需求，站在智能工厂的高度，对企业的组

织、管理模式、业务流程、技术手段、数据开发利用等进行诊断和评估，从而确定智能工厂的方针、目标、需求，为智能工厂每个分项目的设计提供依据。

④ 工厂具体方案设计　根据产品定位以及工厂目标，进行电芯的产品设计，设计电芯的基本参数，如电芯产品性能（容量、充放电倍率、循环性能和安全性能等）、材料体系、尺寸结构以及电池包规格等。通过试验验证、确定工艺制程（流程）、对各工序的参数进行验证，初步确认制程工艺参数、项目规模，通过目标分解、工艺设备选型、目标验证，进一步确定各工序设备对土建公用的需求，包括能源需求（水、电、气）、环境需求（湿度、洁净度）以及土建需求（基础荷载、地面要求、吊顶高度和厂房高度等）等。

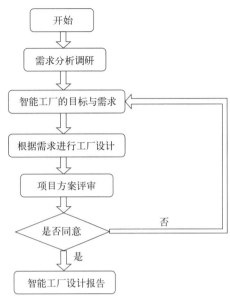

图 7-10　智能工厂的设计流程

⑤ 项目方案评审　对项目投资预算和方案可行性进行评审，按照每一个项目的设备与设施购置费、软件开发费、咨询服务费、人工成本、运行维护费、不可预见费对项目的投资预算进行汇总和分析评审。同时，对项目的主要内容和配置，如市场需求、资源供应、建设规模、工艺路线、设备选型、环境影响、资金筹措、盈利能力等，从技术、资金、工程多个方面进行调查研究和分析比较，并对项目建成以后可能取得的财务、经济效益以及社会环境影响进行预判，从而提出该项目的投资意见和如何进行建设的意见。

⑥ 确认项目的项目方案和实施计划　落实总项目和分项目的负责人和团队，编制项目实施计划，明确项目实施的先后顺序、内容、时间进度以及关键节点。然后，结合智能工厂的核心业务以及工厂要达到的各个目标，针对设备、环境、能源管理、信息采集以及工业互联进行系统设计。

锂电池智能工厂总体设计思路如图 7-11 所示。

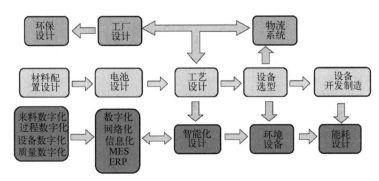

图 7-11　锂电池智能工厂总体设计思路

## 7.3.2 锂电池智能工厂集成

### （1）智能工厂总体框架

锂电池智能工厂是以制造设备自动化、生产工艺精益化和管理体系信息化为基础，利用物联网技术和监控技术加强信息管理和服务，提高生产过程可控性，减少生产线人工干预，以及合理计划排程。同时，集智能手段和智能系统等新兴技术于一体，构建高效、节能、绿色、环保、舒适的人性化工厂。智能工厂模型框架如图7-12所示。智能工厂让企业具有更加优异的感知、预测、协同和分析优化能力。

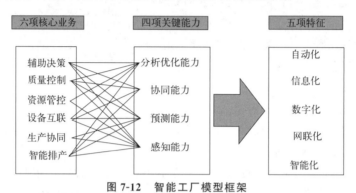

图 7-12　智能工厂模型框架

### （2）锂电池智能工厂的核心业务

锂电池智能工厂建设需要从仓储管理、物流配送、产品加工、物料转运、信息采集、数据识别、生产计划排产、质量管理等全过程实现高度自动化作业，尽量减少人为干预。在自动化、信息化、数字化的基础上融入工业机器人技术及大数据智能分析技术，形成人机物深度融合的新一代工厂。这样的智能工厂，其核心业务如图7-13所示。

图 7-13　智能工厂核心业务示意图

### （3）智能工厂软硬件集成

智能工厂要想具备上述六项核心业务能力以及四项关键能力，必须配备相应的硬件、软件以及系统，将软硬件采集的信息进行整合，利用平台优势发挥作用，下面对智能工厂主要集成内容进行介绍。

① 智能厂房  智能工厂的厂房设计，引入建筑信息模型（BIM），通过三维设计软件进行工厂建模，尤其是水、电、气、网络和通信等管线的建模。使用数字化制造仿真软件对设备布局、产线布置和车间物流进行仿真。

同时，智能厂房要规划智能视频监控系统、智能采光与照明系统、通风与空调系统、智能安防报警系统、智能门禁一卡通系统及智能火灾报警系统等。采用智能视频监控系统，通过人脸识别技术以及其他图像处理技术，可以过滤掉视频画面中无用的或干扰信息，自动识别不同物体和人员，分析抽取视频源中关键有用信息，判断监控画面中的异常情况，并以最快和最佳的方式发出警报或触发其他动作。

② 先进的工艺设备  工艺设备是工厂智能化的基础单元，制造企业在规划智能工厂时，必须高度关注智能装备的最新发展态势。锂电生产的工艺设备更新换代、升级尤为快速，如涂布分切一体机、辊压分切一体机、激光模切分切一体机、全自动卷绕机、高速复合叠片机、垛式化成分容机等逐步被行业应用到生产中，提高了生产效率、减少了输送量。

此外，要尽可能地实现设备之间互联互通。通过传感器、数控系统或 RFID、5G，与自动化物流系统进行信息交互；通过控制系统、网络通信协议、接口与 MES 进行信息交互，进行生产、质量、能耗和 OEE 等数据采集，并通过电子看板显示实时的生产状态；针对人工操作的工位，能够给予智能的提示，并充分利用人机协作。

③ 自动化物流系统  智能工厂建设中，智能化物流十分重要。工厂规划时要尽量减少无效的物流输送，充分利用空间，提升输送效率，避免人员的烦琐操作和误操作，实现自动化输送系统与工业互联系统、企业 ERP 系统的信息交互，实现工厂物流的透明化管理。

锂电池智能工厂中自动化物流系统的应用非常广泛，主要有自动化立库及输送系统、智能提升装置、堆垛机、自动导引车（AGV）和机器人等，主要组成硬件如图 7-14 所示。

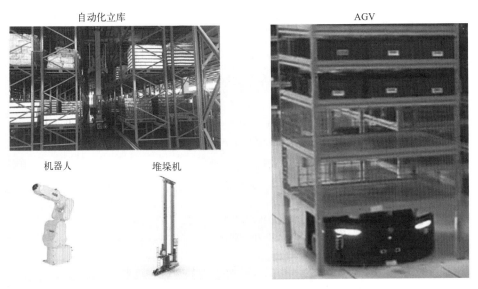

图 7-14  智能物流主要组成硬件示意图

规划锂电池工厂的自动化物流系统时，还要充分考虑锂电池生产的消防安全问题，如电芯带电后的自动化立库，要配置烟雾传感器、温度传感器及消防报警、喷淋灭火系统。

④ 生产管理系统　生产管理系统是面向车间执行层的生产信息化管理系统，上接ERP系统，下接现场的 PLC 程序控制器、数据采集器、条形码和检测仪器等设备，是智能工厂规划落地的着力点。构建适合锂电池制造工艺的生产管理系统，是为了完善电池生产制造信息系统，最终实现工厂的智能化。

### 7.3.3　锂电池无人工厂

人是最大的湿度来源，人工操作的不确定性和随意性难以保证 CPK1.0 以上的质量要求，电池制造需要无接触，这就是锂电池无人工厂的意义。

目前锂电池工厂基本上处于单机自动运行，AGV 自动上下料。但是辅料和废料还需要人工处理，属于 L0 级的无人工厂级别。智能工厂的目标是建立 L4 级的黑灯工厂，完全实现工厂的无人化。无人工厂的分级定义如表 7-2 所示。

表 7-2　无人工厂的分级定义

| 项目 | L0<br>规划级<br>单机自动化 | L1<br>规范级<br>工序一体化 | L2<br>集成级<br>信息贯通化 | L3<br>优化级<br>制造智能化 | L4<br>引领级<br>黑灯工厂 |
|---|---|---|---|---|---|
| 信息传递<br>(PDM、CAPP) | 手动输入<br>固定程序 | 物料传递信息<br>程序模块化 | 一键下达<br>控制语言化 | 一键下达<br>程序自适应 | 一键下达<br>透明工厂 |
| 机器操作 | 人操作监控机器 | 人启动机器 | 单元集控<br>监管运行 | 单元集控<br>自治运行 | 待机一键启动 |
| 质量监控 | 人监控质量 | 自动检测质量 | 自动判断质量 | 质量全闭环 | 质量免检 |
| 设备运维 | 事后维修 | 预测性维护 | 健康管理 | 机器学习运维 | 健康运维 |
| 制造安全管控 | 人监控管理 | 安全自诊断 | 安全监控 | 安全预警闭环 | 安全闭环 |
| 物料传送 | 人工上下物料<br>辅料人工<br>废料人工 | 物料自动<br>辅料人工<br>废料单机收集 | 物料带信息流<br>辅料人工回收<br>废料集中处理 | 辅料人工回收<br>废料自动处理 | 物料黑箱进出 |

注：PDM—产品数据管理；CAPP—计算机辅助工艺过程设计。

## 思考题

1. 简述标准对于锂电池制造的重要性。
2. 简述锂电池的智能制造内涵及组成部分。
3. 简述锂电池的智慧工厂设计流程。
4. 锂电池智慧工厂软硬件集成有哪些内容？

## 参考文献

[1] 刘强，丁德宇，符刚，等. 智能制造之路 [M]. 北京：机械工业出版社，2017.

[2] 孙巍伟，卓奕君，唐凯，等. 面向工业 4.0 的智能制造技术与应用 [M]. 北京：化学工业出版社，2022.

[3] 中国标准化研究院. 国家标准体系建设研究 [M]. 北京：中国标准出版社，2007.

[4] 孙延明，宋丹霞，张延平. 工业互联网：企业变革引擎 [M]. 北京：机械工业出版社，2021.

[5] 彭瑜，刘亚威，王健. 智慧工厂：中国制造业探索实践 [M]. 北京：机械工业出版社，2016.